U0872111

核电厂维修人员专业技能培训教材

高压电气设备检修

中核核电运行管理有限公司　组织编写

中国原子能出版社

图书在版编目（CIP）数据

核电厂维修人员专业技能培训教材. 高压电气设备检修 / 中核核电运行管理有限公司组织编写. 一北京：中国原子能出版社，2020.11（2024.7 重印）
ISBN 978-7-5221-0947-3

Ⅰ. ①核… Ⅱ. ①中… Ⅲ. ①核电厂-高压电气设备-设备检修-技术培训-教材 Ⅳ. ①TM623.7

中国版本图书馆 CIP 数据核字（2020）第 192096 号

核电厂维修人员专业技能培训教材　高压电气设备检修

出版发行 中国原子能出版社（北京市海淀区阜成路 43 号　100048）
责任编辑 刘东鹏
装帧设计 赵　杰
责任校对 冯莲凤
责任印制 赵　明
印　　刷 中煤（北京）印务有限公司
经　　销 全国新华书店
开　　本 787 mm×1092 mm　1/16
印　　张 5.375
字　　数 135 千字
版　　次 2020 年 11 月第 1 版　2024 年 7 月第 2 次印刷
书　　号 ISBN 978-7-5221-0947-3　　**定　价　38.00 元**

网址：http://www.aep.com.cn　　**E-mail：atomep123@126.com**
发行电话：010-88828678
版权所有　侵权必究

核电厂维修人员专业技能培训教材

高压电气设备检修

编审委员会

主　任	邹正宇			
副主任	朱晓斌	刘崇都	吴炳泉	董军成
委　员	王孔钊	王晓波	方幼君	卢才华
	叶丹萌	朱　磊	孙国忠	李厚文
	吴小海	吴明亮	邹俊磊	张世敏
	周瑞东	郑建华	费志松	徐宏明
	盛建华	韩光辉	蒲晓彬	樊鹏飞

编　者	刘驰程	刘　鹏	李　强	易非凡
	唐芳轩			
审　者	卫毓卿	包彦省	陈子明	陈景荣
	钱厚军			

出版前言

为保障入职一年以上的核反应堆维修员工获得应对正常工况和紧急情况所需的工作技能和技术水平，中核核电运行管理有限公司维修领域各处室和综合培训处在完成维修专业技能培训科目编制和教学实施工作的基础上，继续推动了《维修专业技能培训教材》高压电气合订本的出版工作。

《维修专业技能培训教材》高压电气合订本中所有科目于 2015 年编制完成。2016 年开始面向维修领域入职一年的员工进行教学实施，并纳入中核核电运行管理有限公司各维修处室的岗位培训清单。《维修专业技能培训教材》高压电气合订本的所属科目对维修领域的员工技能培训工作中起到了“提高维修技能水平、保障机组安全生产”的作用。为了更好发挥维修专业技能培训教材的作用，配合核电厂维修领域工作的顺利有序开展，便于培训部门有效地组织培训，正确引导学员通过培训、学习，提高自身素质和能力，中核核电运行管理有限公司综合培训处组织印刷出版《维修专业技能培训教材》高压电气合订本。

《维修专业技能培训教材》高压电气合订本内容紧扣维修领域入职一年后的员工所迫切需要掌握的维修相关技能；通过对核电厂共性专业设备中高压电气知识学习和基本操作技能演练，正确辨识相关参数，通过对核电厂共性高压电气设备基本操作演练，正确认识岗位上专业维修高压电气设备的基本操作方法，进而提升核电厂维修人员对高压电气设备进行规范操作的能力。

《维修专业技能培训教材》高压电气合订本包含 3 个部分。其中第一部分　中压断路器维修专业技能培训由李强负责编写，第二部分　中压接触器柜专业技能培训由刘驰程负责编写，第三部分　干式变压器维修专业技能培训教材由易非凡负责编写。内容涵盖核电厂共性专业设备中高压电气的理论知识和基本操作技能。

《维修专业技能培训教材》高压电气合订本的编制出版，凝聚着编、审、校、排、印及组织管理人员的大量辛勤劳动和心血，同时得到了相关部门的大力支持和热情帮助，在此表示深深地谢意！

《维修专业技能培训教材》高压电气合订本中如有不妥之处，恳请批评指正。

中核核电运行管理有限公司

目　录

第一部分　中压断路器维修

第二部分　中压接触器柜维修

第三部分 干式变压器维修

第一部分　中压断路器维修

第一章　设备的结构

1.1　概述

Unigear ZS1 型开关柜和 VD4 型真空断路器是 ABB 公司生产的是一种适宜户内使用的三相交流、金属铠装、空气绝缘的开关设备,设备完全在工厂内装配并通过试验。

Unigear ZS1 型开关柜的结构为单层中置式,各隔室通过金属隔板相互隔离,同一隔室的各部件以空气作为绝缘介质,UniGear-ZS1 开关柜的基本柜型为进线柜和馈线柜,由固定的柜体和真空断路器手车组成。每台断开关柜包括三个高压隔室:母线室、断路器室、电缆室,另外还包括一个低压室。

VD4 型真空断路器与 Unigear ZS1 型开关柜配套使用,采用德国 ABB 公司设计和制造的真空灭弧室,利用高真空作为灭弧和绝缘的介质。可以做到极低截流值的开断,没有任何过电压产生。在开断后,真空中的电介质强度恢复速度相当快,因此不会有重击穿的现象出现,具有充足的灭弧能力和极高的操作寿命,VD4 真空断路器在需要进行频繁操作或需要开断短路电流的场合下具有极为优越的性能。

1.2　VD4 断路器的控制原理

对一台处于分闸状态且未储能的断路器进行分合闸操作,首先要对断路器进行储能,在通用教材中已经讲过,VD4 断路器的合闸依靠扭力弹簧,该扭力弹簧可以通过储能电机进行储能也可以通过手动储能机构进行储能。

1) 自动储能。断路器配有储能电机时,在储能电机控制回路满足要求时,自动进行储能(若储能电机意外断电,可以手动继续储能)。

2) 手动储能。把储能手柄插入断路器面板上的手动储能插口,往复操作手柄,当储能完毕,储能机构自动脱开,再操作手柄即失效。储能完毕指示在断路器面板上,如图 1-1 所示。

断路器可以通过分合闸按钮手动分合闸,也可以通过电气控制回路进行分合闸。当断路器完全没有控制电源时,由于合闸闭锁电磁铁 Y1 无法解锁,合闸按钮无法按动,需要打开断路器的面板，人为解锁 Y1 后，方可操作合闸按钮，使断路器合闸（此方法只能在断路器处于柜外时这样操作，严禁断路器在柜内时这样操作）。

图 1-1　断路器储能状态指示

这里，我们重点讲解断路器的电气控制，VD4 断路器电气控制接线配置图和典型的 VD4 断路器电气控制图如图 1-2 和图 1-3 所示。

图中：X1—代表低压室内的 X1 端子排，其旁边的数字，例如 305，代表该端子排上的端子号；

X0—代表断路器室内的控制线插座（二次航空插座），其旁边的数字，例如 10，代表插座上针孔或插头上的插针的编号；

Q0—代表断路器本体上的控制线插头（二次航空插头）；

X—代表断路器底盘上 S8/S9 辅助触点引线的插头或插座，数字代表针孔或插针的编号。

电动储能和电气控制分合闸过程如下。

1）断路器储能。当断路器的控制线插头插入断路器室内的控制线插座后 X0(25、35) 接入控制回路(110 VDC)，如果此时断路器处于未储能状态，则 S1(31、32)和 S1(41、42)触点闭合，储能电机 M0 接通电源，断路器开始储能。当储能结束后，S1(31、32)和 S1(41、42)触点断开，储能电机停转，储能结束，同时 S1(13、14)触点闭合。

2）断路器合闸闭锁解锁。X0(10、20、49)和 X0(4、14)接入控制回路(110 VDC)，当断路器处于工作位置，S8(43、44)触点断开，S9(43、44) 触点闭合，若断路器此时为分闸状态，S3(21、22)触点闭合。当外部回路满足条件，则合闸闭锁电磁铁 Y1(V1)得电吸合。当断路器处于试验位置时，S8(43、44)触点闭合，S9(43、44)触点断开。同样，若断路器此时为分闸状态，S3(21、22)触点闭合，合闸闭锁电磁铁 Y1(V1)得电吸合。当 Y1 吸合后，机械闭锁装置解锁，且带动 S2(0、2)触点闭合。

3）断路器合闸。以上储能完成且合闸闭锁解锁后，如果有合闸信号通过 X0(4)，则合闸电磁铁脱扣 Y3 通过 K0(4、13)、S1(13、14)、S3(31、32)、S2(0、2)触点得电，断路器合闸动作。断路器合闸信号可以通过就地控制盒给出吗，也可以远方操作通过 K205 中间继电器给出。图中，X100 为就地控制盒，当就地控制盒插入低压室面板上的就地控制插座后，K101 继电器得电，K101(11、14)闭合，此时按动合闸按钮“ON”，即给出合闸信号，此时 K101(11、12) 断开，禁止断路器远方合闸操作，即就地操作断路器合闸时，禁止远方操作断路器合闸。图中，合闸回路的 K0 为防跳继电器，防跳继电器主要是防止断路器连续多次分合闸动作。例如，如果一个持久的合闸命令和来自继电保护的跳闸信号同时存在，则断路器只有在持久的合闸命令消失后，才能被合闸操作，防止断路器在持续的合闸命令和跳闸命令下，多次分合动作。

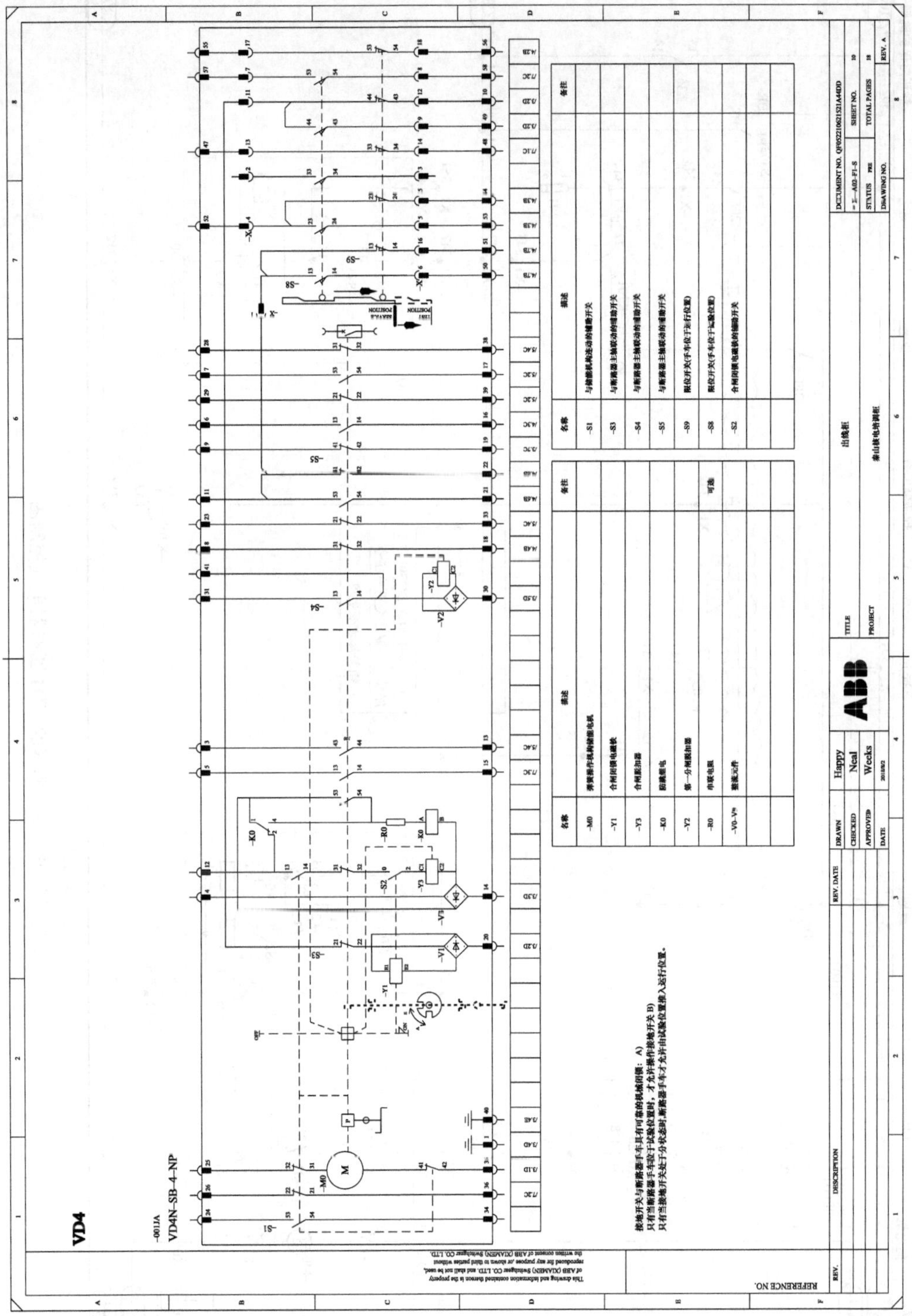

图 1-2 VD4 手车式电气控制接线图

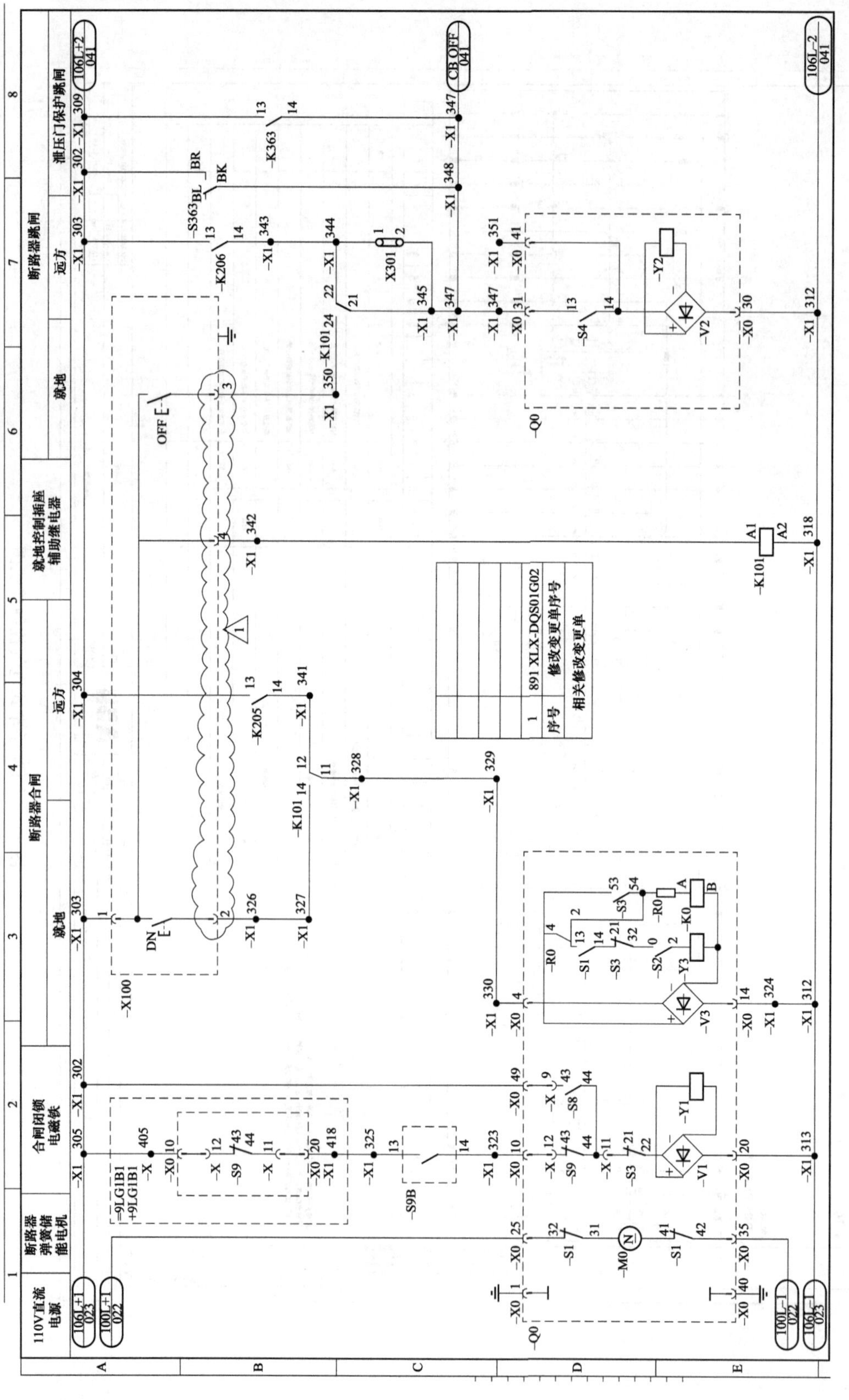

图 1-3 典型的 VD4 断路器电气控制图

4）断路器分闸。断路器合闸后，S4(13、14)触点闭合，只要外部回路有分闸信号通过X0(31)，则断路器的分闸脱扣线圈Y2得电，断路器即动作分闸。同样的，断路器分闸可以通过X100就地操作盒进行操作也可以远方操作，通过K206中间继电器触发跳闸命令。与就地合闸操作不同，当X100插入低压室面板上的控制插座后，远方仍可以通过X301压板对断路器进行分闸操作。除正常的就地和远方操作断路器分闸外，一些保护信号也可以触发跳闸信号，如泄压门保护动作，综合保护继电器的速断保护动作等。

1.3　"五防"及联锁功能

1.3.1　"五防"简介

电力系统要求开关柜均要具有完善的五防功能，具体要求如下：

1）防止误分误合断路器。

2）防止带负荷拉(合)隔离开关。

3）防止带电挂(合)接地线(接地开关)。

4）防止带接地线(接地开关)合隔离开关(断路器)。

5）防止误入带电间隔。

1.3.2　Unigear ZS1 和 VD4 常见的"五防"联锁配置

1.3.2.1　柜内联锁

开关设备具备一系列的联锁装置，可以从根本上防止出现危险和可能引起严重后果的误操作，可有效地保护操作人员和开关设备的安全。

1）接地开关和断路器在分闸位置时，手车才能从"试验/隔离"位置移至工作位置(或返回)。手车在中间位置时，开关的操作被机械闭锁。当手车带有闭锁电磁铁时，该电气联锁也起作用。

2）断路器只有在手车处于"试验/隔离"位置或"工作"位置时才能进行合闸操作。手车在中间位置时，合闸操作被机械闭锁。当断路器接上电气联锁回路时，该电气联锁也起作用。

3）如开关柜采用数字保护装置，可通过软件编程来实现开关的防误操作。

4）手车在"试验/隔离"位置或"运行"位置而没有控制电压时，断路器无法合闸，仅能手动分闸(机械电气联锁)。

5）只有在"试验/隔离"位置时才能插拔控制线插头。

6）接地开关只有手车在"试验/隔离"位置或拉出开关柜时才能合闸(机械联锁)。

7）接地开关合闸时，手车无法从"试验/运行"位置移向运行位置(机械联锁)。

1.3.2.2　门板的联锁

开关柜可配备如下联锁：

1）断路器室门打开时，手车无法摇向运行位置。

2）手车在运行位置或在中间位置时，断路器室门无法打开。

3）电缆室门打开时，接地开关无法操作。

4）接地开关分闸时，电缆室门无法打开。

注意：当门板（断路器室和电缆室）采用螺杆紧固方式时，为了确保联锁有效及燃弧发生时人员的安全，必须将螺杆拧紧。

1.3.2.3 柜间联锁（有些母线没有该配置）

1）只有本段母线上所有的手车在试验/隔离位置时，母线接地开关才能合闸（机械电气联锁）。

2）当母线接地开关合闸后，本段母线上的所有手车无法从试验/隔离位置移到运行位置（机械电气联锁）。

1.3.2.4 闭锁装置

1）活门在手车移开后可用挂锁分别锁定。

2）接地开关操作孔可用挂锁锁定。

3）断路器手车操作孔可用挂锁锁定。

4）断路器室和电缆室门板可分别用挂锁锁定。

1.3.3 典型“五防”及联锁功能的实现

1. 接地开关合闸，断路器无法移至运行位置联锁功能的实现

该联锁功能的作用为，防止发生带接地刀送电的误操作。该功能的实现主要是通过接地开关合闸后，联动开关柜断路器室的小车轨道上的闭锁装置A和B弹出，闭锁装置A挡住断路器手车的轨道，闭锁装置B抵住断路器手车底盘的闭锁装置C，底盘闭锁装置C向底盘转动丝杆运动，位置D将丝杆卡死，无法摇动，进而无法将断路器由试验位置移至运行位置。接地开关联锁断路器位置的闭锁装置如图1-4所示。

图1-4 接地开关连锁断路器手车位置闭锁装置

2. 断路器在运行位置，接地开关无法合闸联锁功能的实现

该功能的作用为，防止发生带电合接地开关的误操作。该功能的试验主要通过图1-4中闭锁装置 A 实现，当断路器在运行位置时，此时接地开关一定为分闸状态（在上文中已经讲到，只有接地开关为分闸状态，断路器手车才能移至运行位置），闭锁装置 A 缩回开关柜内。如果此时要操作接地开关合闸，必须先按下接地开关操作孔的挡片，由于该挡片与闭锁装置A联动，断路器在运行位置时，将闭锁装置A挡住，导致闭锁装置A无法弹出，进而接地开关操作孔的挡片无法按下，也就无法露出接地开关的操作头，无法操作接地开关合闸。接地开

关操作孔的挡片如图 1-5 所示。

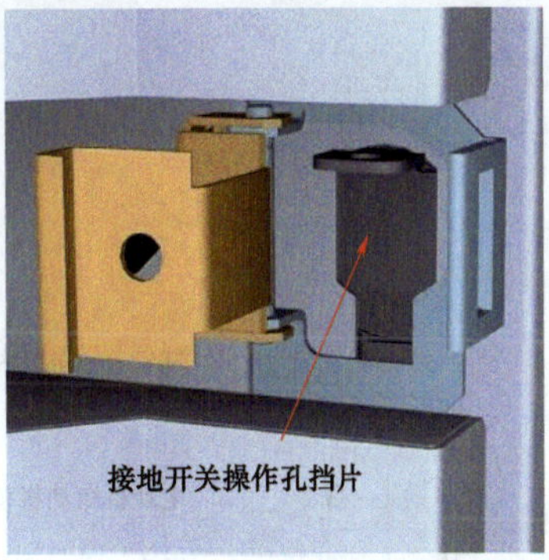

（左图为挡片未按下状态；右图为挡片按下，露出接地开操作头状态）

图 1-5　接地开关操作孔挡片

注：按下接地开关操作孔挡片，闭锁装置 A 弹出，挡在断路器手车轨道上，此时露出接地开关操作头，操作接地开关合闸后，挡片锁死在压下的状态，同时闭锁装置 A 锁死在弹出的状态，闭锁装置 B 弹出。当接地开关分闸，闭锁装置 B 自动复位，接地开关的操作手柄从接地开关操作头拔出后，挡片和闭锁装置 A 自动复位。

3. 断路器在非运行和试验位置时，断路器无法合闸闭锁功能的实现

该功能的作用为，防止发生断路器在非“运行”和“试验”位置时，断路器合闸，进而将断路器送至运行位置的恶性事故，等同于“五防”中的防止带负荷合隔离开关。

该功能主要通过电气和机械两种方式实现。

（1）电气功能的实现

在 1.2 节中讲到，要对断路器进行合闸操作，其中一个条件就是合闸闭锁电磁铁 Y1 得电后解锁，而 Y1 得电的条件除了外部回路满足条件外，断路器还必须在运行位置（S9 相应触点闭合）或试验位置（S8 相应触点闭合）。而当断路器既不在运行位置也不在试验位置时，S8 和 S9 相应的辅助触点均为断开状态，导致合闸闭锁电磁铁 Y1 无法得电，进而导致 S2 相应触点无法闭合且 Y1 的机械闭锁装置无法得电解锁（合闸机构卡死），进而断路器无法合闸。

（2）机械功能的实现

当断路器既不在运行位置也不在试验位置时，断路器手车底盘联锁装置 A 联动断路器的闭锁架和闭锁杆，导致断路器合闸机构无法动作，进而断路器无法合闸。断路器合闸机械闭锁装置如图 1-6 和图 1-7 所示。

4. 断路器合闸后，无法移动断路器位置闭锁功能的实现

该功能的作用为，防止断路器合闸状态时改变断路器的位置，等同于“五防” 中禁止带负荷拉合隔离开关的功能。

该功能主要通过合闸结构的滚轮、闭锁架和手车底盘闭锁装置 A 实现，当断路器合闸后，滚轮落下，将闭锁架压住，闭锁架联动手车底盘闭锁装置 A 落下，此时转动底盘丝杆，只能转动约 1/2 圈，丝杆上的定位块即被闭锁装置 A 卡住，丝杆无法继续摇动，断路器位置无法改变。功能示意如图 1-8 所示。

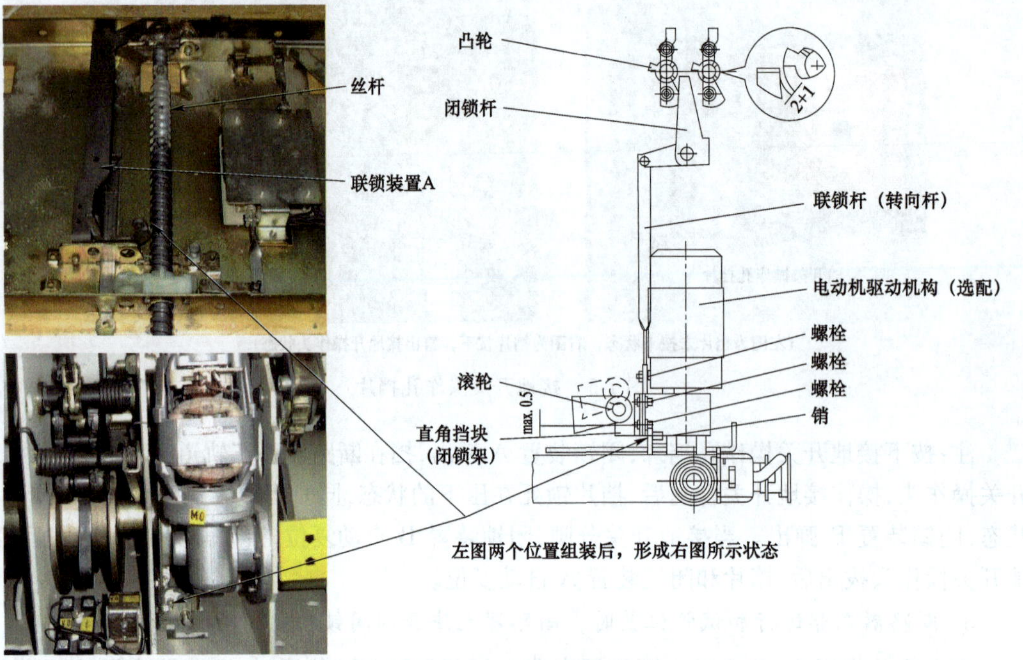

图 1-6 断路器合闸闭锁结构

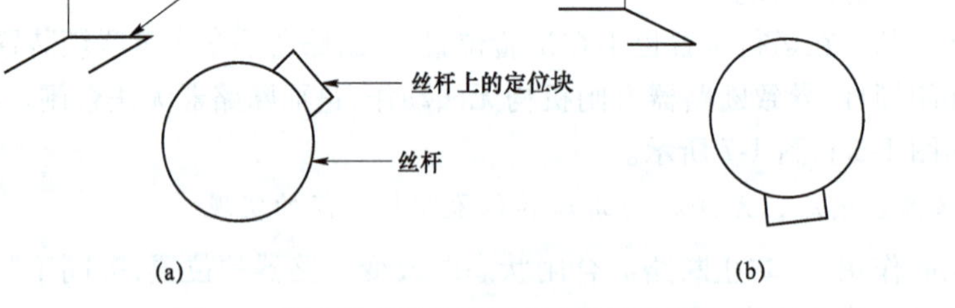

图 1-7 断路器合闸机械闭锁功能示意图

(a) 断路器在非运行和试验位置时，联锁装置 A 抬起，联动闭锁架和闭锁杆将合闸机构闭锁

(b) 断路器在运行或试验位置时，联锁装置 A 落下，联动闭锁架和闭锁杆，合闸机构解锁以由运行位置至试验位置为例，丝杆逆时针转动

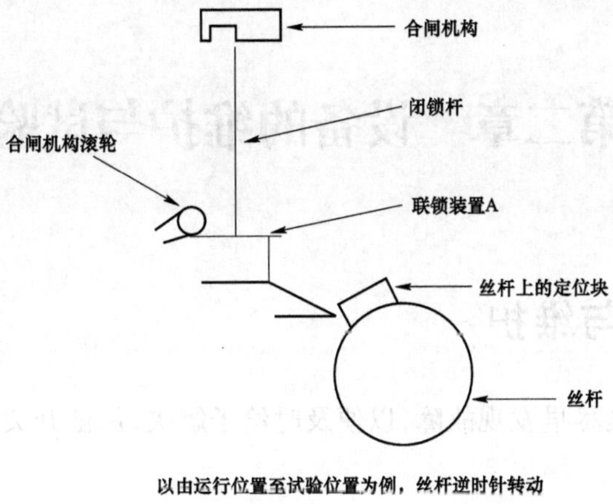

图 1-8　断路器位置机械闭锁功能示意图

第二章　设备的维护与试验

2.1　日常巡检与维护

日常巡检的作用是尽早发现故障，以便及时给予解决，保证开关柜的正常运行，它包括以下内容。

1）柜门是否关紧；

2）位置指示器指示是否正确；

3）加热器工作是否正常：在 Unigear-ZS1 开关柜的低压室内装有一个 K107 继电器，这个继电器检测加热器的电压和电流；如果加热器工作正常，将有一个红灯常亮；如果加热器辅助电源停电或加热器断线，这个红灯将熄灭，此时需要检查加热器回路（有些柜体没有该功能）；

4）开关柜是否有异味或异响；

5）表计指示是否正常，有无异常报警；

6）继电器工作是否正常；

7）带电指示器是否正常。

出现以下情况之一时，应立即退出运行，进行检修：

1）绝缘不良、放电、闪络或击穿时；

2）开关柜内元件损坏时；

3）其他影响安全运行的异常现象。

2.2　预防性检修与试验

Unigear ZS1 型开关柜和 VD4 型真空断路器的预防性维护周期因新旧设备可能存在差异，请按照厂家的周期要求进行预防性维修。

出现下列情况之一时，应退出运行，进行维护与检修，并做相应的试验：

1）绝缘不良、放电、闪络或击穿时；

2）元器件损坏；

3）断路器出现异常氧化、锈蚀现象；

4）其他影响开关正常运行的异常现象。

VD4 断路器满容量开断 12 次（50 kA）/20 次（40 kA）/50 次（≤31.5 kA）的短路故障电流后，应更换灭弧室。

2.2.1　Unigear ZS1 型开关柜的预防性维修

该项工作主要是根据周期要求，定期对开关柜各小室进行清扫、检查、传动机构的润滑以及母线、触头等电气连接位置的力矩检查和绝缘测试等。

1. 风险分析与预防措施

风险分析与预防措施见表 2-1。

表 2-1 风险分析与预防措施

风险分析类型	预防措施
在停电的高压设备上工作	检查隔离边界,仔细核对设备编码,防止走错间隔
系统或设备部分带电	开工前确认工作范围,做好警示标示,防止超出工作许可
设备损坏	1. 防止损坏母排支撑绝缘子 2. 禁止踩踏开关柜顶部的压力微动开关
高空坠落	正确使用安全带,上下开关柜正确使用人字梯

2. 注意事项

1) 确认母线停电,各有电方向均已停电。安全措施完善,防止人身触电危险,工作前验电。

2) 确认加热器已停电,温度已降至环境温度。

3) 确认相关直流电源已停电。

3. 常用工器具和耗材

常用工器具和耗材见表 2-2、表 2-3。

表 2-2 常用工器具

工器具名称	规格型号	数量	用途
ABB 中压柜专用工具		1套	母线及开关柜检查
个人工具		1套	
梯子	3 m	2个	上下开关柜
吸尘器		2个	清扫母线及开关柜
内六角扳手		1套	拆装开关柜盖板
力矩扳手		1套	紧固母排连接螺栓
套筒扳手		1套	拆装开关柜盖板
电动扳手		1套	拆装开关柜盖板
红外测温仪	FLUCK	1台	测量加热器温度
兆欧表	2 500 V	1台	测量母线绝缘电阻

表 2-3 常用耗材

工器具名称	规格型号	数量	用途
白布		10 m	清扫母线及开关柜
酒精		5 瓶	清扫母线及开关柜
毛刷		10 把	清扫母线及开关柜
润滑脂	NB52	足量	传动机构和触头润滑

4. 工作内容及步骤

1) 取得工作许可证。

2) 验证隔离措施。

3) 检查并清扫柜体外表面。

① 检查柜体外表面并进行清扫。

② 检查上下柜门是否完好,有无变形。

4) 检查并清扫母排。

① 将开关柜顶盖板打开后露出母排,对母排及支撑绝缘子进行清扫。

② 检查母排支撑绝缘子是否完好,有无异常。

③ 检查母排连接处有无过热、烧蚀现象。

④ 检查母排连接螺丝有无松动。

⑤ 检查母排绝缘罩有无损坏,如有损坏,进行更换。

5) 检查并清扫电流互感器。

① 将开关柜后盖板打开后露出电流互感器,先对电流互感器及开关柜后部及底部进行清扫。

② 检查电流互感器端子处有无异常,端子是否松动。

6) 检查并清扫母线触头。

① 打开开关柜前门,将上挡板打开,检查触头有无发热、烧蚀现象,对触头箱进行清扫,对触头涂抹 NB52 润滑脂。

② 打开开关柜前门,将下挡板打开,检查触头有无发热、烧蚀现象,对触头箱进行清扫,对触头涂抹 NB52 润滑脂。

③ 紧固螺栓扭矩设定值分为 M10 螺栓为 50 N·m;M20 螺栓加润滑脂后为 120 N·m。

④ 对开关柜前部箱进行清扫。

7) 检查加热器是否正常。

① 确认各开关柜内加热器电源已断开。

② 使用红外测温仪测量各加热器温度已降至环境温度。

③ 测量加热器直阻并记录。

8) 对开关柜内的所有传动件进行补充润滑脂的工作。

对开关柜的地刀触头、地刀传动机构、柜内上下触头挡板传动机构等传动部件用适量的 NB52 润滑脂进行润滑。

9）测量母线的绝缘电阻。

将母线的所有开关拉至隔离位置或柜外，从PT柜接地小车处测量母线各相的绝缘电阻值。合格标准为：6 kV母线不低于6 MΩ；10 kV母线不低于10 MΩ

10）工作结束，清理现场。

11）归还工作票，填写完工报告。

2.2.2 VD4型断路器的预防性维修

该项工作主要是根据周期要求，定期对断路器小车进行的清扫、检查及试验等工作。主要从电气性能、机械性能等方面检查判断断路器的状态。

1. 风险分析与预防措施

风险分析与预防措施见表2-4。

表2-4　风险分析与预防措施

风险分析类型定义	预防措施
在停电高压设备上工作	检查隔离边界，仔细核对设备编码，防止走错间隔
高压试验	1. 试验仪器接地可靠，试验人员具备资格，准备高压绝缘手套 2. 试验区域装设围栏无关人员不得入内 3. 试验前检查接线是否正确，试验人员站在绝缘垫上操作 4. 工作负责人确认被试设备上无人工作后方可进行 5. 试验后充分放电

2. 注意事项

1）试验过程中确保被试设备和试验设备外壳可靠接地。

2）工作中防止断路器小车跌落。

3）做耐压试验时，在试验区域拉红白带，挂标志牌警告。

4）试验应由专业人员完成。

5）试验人员应严格遵守安全纪律。

3. 常用工器具和耗材

常用工器具和耗材见表2-5、表2-6。

表2-5　常用工器具

工器具名称	规格/要求	数量	用途
MOM690微欧计	精度≥0.1 μΩ	1	测量导电回路电阻
断路器动作特性分析仪	能够测量分合闸时间及弹跳次数	1	测试断路器操作机构的动作特性
可调稳压直流电源	0～150 VDC	1	供电
交流耐压装置	≥30 kV	1	耐压试验
兆欧表	250/500/2 500 V	1	测绝缘

续表

工器具名称	规格/要求	数量	用途
数字万用表		1	测量线圈直阻及检查触点
个人电工工具		1套	
测试导线		若干	连接
呆扳手		1套	
托线盘	220 VAC	1	
接地线		若干	

表 2-6 常用耗材

工器具名称	规格/要求	数量	用途
白布		5 m	拭擦灰尘、油污
润滑剂	ISOFLEX.TOPAS NB52		润滑
酒精		1瓶	溶解污秽
导电膏		1瓶	

4. 工作内容及步骤

1）断路器小车的检查与清扫

① 如断路器表面有灰，应擦拭干净。

② 如有松动的部件，将其紧固。

③ 检查并确定联锁杆带动的闭锁杆与塑料凸轮之间的间隙应为 2 mm±0.1 mm。

④ 断路器储能后，执行合闸操作，检查此时滚轮与闭锁架的间隙应不大于 0.5 mm。

⑤ 检查绝缘套筒树脂浇铸件的外表面，应无积灰、裂缝和放电痕迹。

⑥ 动触头应无变形和烧蚀的痕迹，否则应更换，检查完毕后可用适量的(ISOFLEX.TOPAS NB52)润滑剂涂敷接触表面。

⑦ 检查断路器小车转轴润滑是否良好，如需润滑则添加润滑剂(ISOFLEX.TOPAS NB52)。

⑧ 检查断路器操作、传动等机构，如有机构润滑干涩现象，及时进行润滑处理。

⑨ 检查断路器二次插件触头有无弯曲及缺失，如有弯曲，可用尖嘴钳校正。若出现触头缺失，应更换二次插件。

2）绝缘电阻测量

① 断路器合闸状态时，用 2 500 V 兆欧表分别测量断路器 A、B、C 三相各相间、各相对金属外壳及地的绝缘电阻，时间一分钟。测试完毕，记录数据，放电后拆除接线。

② 断路器分闸状态时，用 2 500 V 兆欧表测量断路器断口之间的绝缘电阻，时间一分钟。测试完毕，记录数据，放电后拆除接线。

③ 测量的绝缘电阻不应低于设备交接时绝缘值的 30%。

3）导电回路电阻测量

① 断路器处于合闸状态。

② 用微欧计，在断路器上下主触头间通入 DC(100 A)的电流，测量导电回路的直流电阻。

③ 导电回路电阻标准见表 2-7。

表 2-7 电阻标准

额定电流	1 250 A	2 000 A	2 500 A	3 150 A
含触臂阻值	55 μΩ	30 μΩ	28 μΩ	25 μΩ

4）分合闸线圈和储能电机线圈电阻测试

用数字万用表测量分合闸线圈的直流电阻。测量结果应与交接报告无明显差别。

5）断路器辅助开关触点检查

① 用数字万用表测量辅助开关的通断情况，要求各触点在断路器分闸时，应可靠断开，在断路器合闸时，应可靠接通，且接触电阻应小于 10 Ω。否则，更换相应的二次辅助开关。

② 部分辅助开关合格标准见表 2-8。

表 2-8 部分辅助开关合格标准

序号	元件名称	测试条件	合格标准(二次插头插针号)	备注
1	储能辅助开关 S1	已储能	24–34 应接通	
2	辅助开关 S3、S4、S5	断路器合闸	5–15(S3)、11–21(S4)、7–17(S5)应接通	S5 是可选件
3	辅助开关 S4、S5	断路器分闸	8–18(S4)、28–38(S5)应接通	S5 是可选件
4	手车“工作位置”开关 S9	手车位于工作位置	52–54 应接通	
5	手车“试验/隔离位置”开关 S8	手车置于试验/隔离位置	52–53 应接通	

6）断路器特性测试

① 用断路器动作特性分析仪测量断路器的分合闸时间、主触头的同期性和合闸时的弹跳时间。

② 合闸时间应在 55～67 ms，弹跳时间应≤2 ms，合闸不同期应≤2 ms。

③ 分闸时间应在 33～45 ms，分闸不同期≤2 ms。

7）断路器操作机构测试

① 当操作电压为 85%U_N(93.5 V)时，断路器应可靠合闸。

② 当操作电压为 110%U_N(121 V)时，断路器应可靠合闸。

③ 当操作电压为 65%U_N(71.5 V)时，断路器应可靠分闸。

④ 当操作电压为 30%U_N(33 V)时，断路器应不动作。

⑤ 每次试验做三次。

⑥ 若出现操作电压为 30%U_N(33 V)时,断路器仍能分闸的情况,则应该检查分闸线圈是否存在故障。若存在故障,应更换分闸电磁铁。

8) 断路器交流耐压试验

① 在进行耐压试验和试验后放电时,应戴高压绝缘手套,且应站在绝缘垫上。

② 将路器合闸,分别对断路器 A、B、C 三相各相间、各相对金属外壳及地进行耐压试验,试验电压 25.6 kV,时间 1 分钟,应无击穿现象。

③ 将路器分闸,对断路器的断口进行耐压试验,试验电压 25.6 kV,时间 1 分钟,应无击穿现象。

9) 工作结束,清理现场。

10) 归还工作票,填写完工报告。

第三章　设备缺陷的分析与处理

3.1　常见故障 1　电动无法储能，但可以手动储能

可能原因一：储能辅助开关 S1 损坏

检查方法：未储能状态下，卸下操作面板后检查 S1 储能限位开关的两对辅助接点 31～32 号、41～42 号是否导通。如不通，则需更换储能辅助开关 S1。见图 3-1。

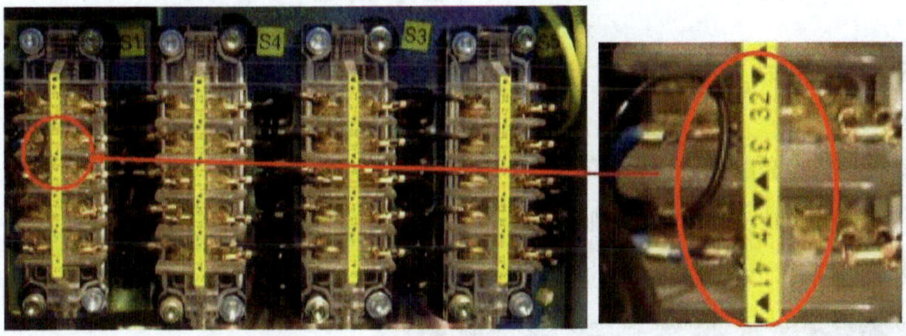

图 3-1　储能辅助开关 S1 损坏

可能原因二：航空插头插针损坏

检查方法：未储能状态下，检查航空插头内 25～35 号插针是否会缩回，或测试回路电阻是否异常。见图 3-2。

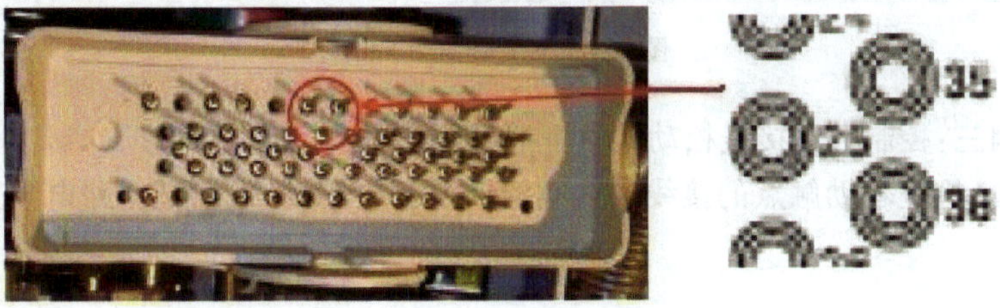

图 3-2　航空插头插针损坏

可能原因三：储能电机 M0 故障

检查方法：打开断路器面板，测量储能电机电阻（DC 110 V 断路器的标准值为 8～10 Ω）。如电阻异常，则更换储能电机。

3.2　常见故障 2　电动无法合闸，合闸脱扣器不动作

可能原因一：断路器手车未到位

检查方法：检查手车位置指示器的指示。

手车位于“试验/隔离位置”或“工作位置”时,断路器才能合闸。手车位于“试验/隔离位置”和“工作位置”之间的任何位置时,断路器无法合闸。见图 3-3。

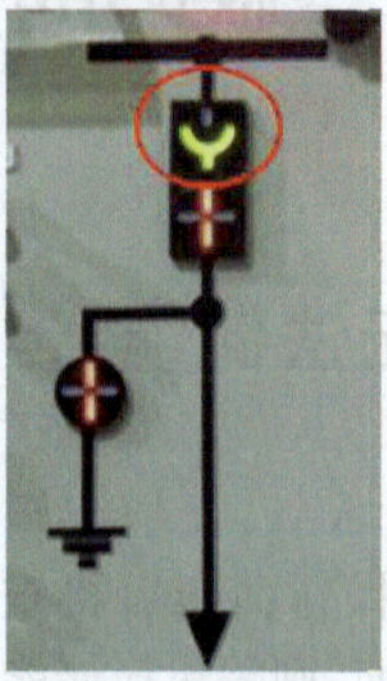

图 3-3 手车位置指示器

可能原因二:辅助开关 S3 故障

检查方法:

1)检查辅助触点的接线是否牢固。

2)检查 S3 辅助开关 31~32 触点的开断情况,如发现电阻值异常,则更换辅助开关 S3 元件。见图 3-4。

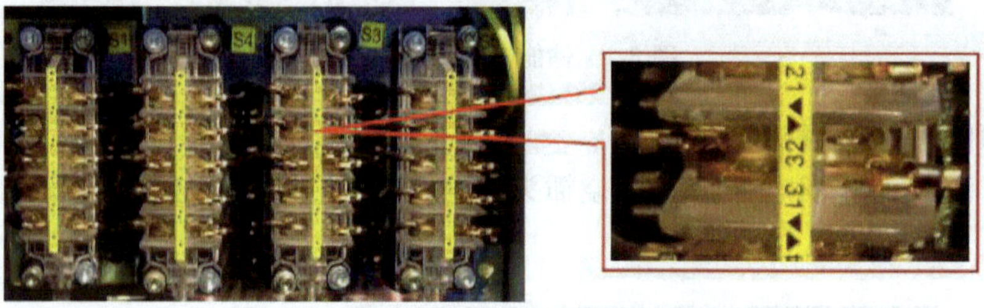

图 3-4 辅助开关 S3 故障

可能原因三:控制回路接线松动或航空插针脱落

检查方法:检查辅助触点的接线或航空插针是否会缩回,或测试回路电阻是否异常。见图 3-5。

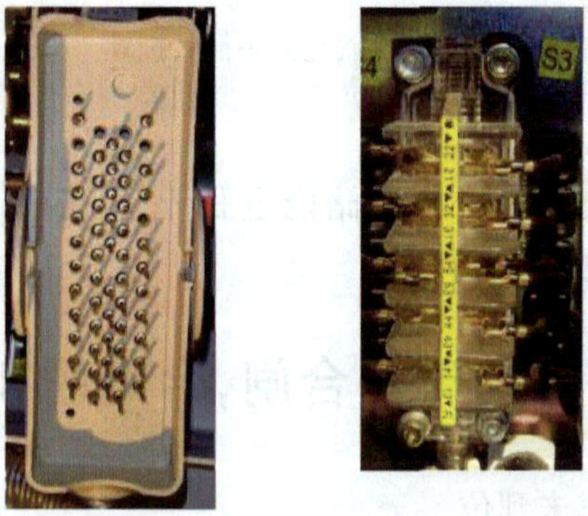

图 3-5 接线松动或航空插针脱落

可能原因四:合闸脱扣器 Y3 接线松动或故障

检查方法:

1) 检查合闸脱扣器的接线是否牢固,如有松动,进行紧固。

2) 测量合闸脱扣器 Y3 的阻值(DC 110 V 断路器的标准值约为 50 Ω),如阻值异常,更换 Y3。见图 3-6。

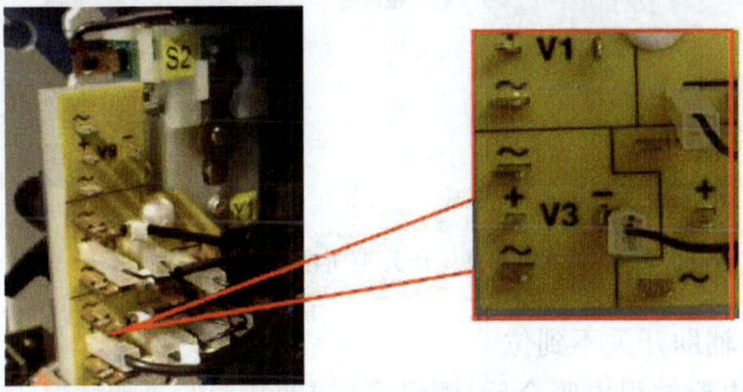

图 3-6 合闸脱扣器 Y3 接线松动或故障

可能原因五:合闸闭锁电磁铁 Y1 接线松动或故障

检查方法:

1) 检查合闸闭锁电磁铁 Y1 的接线是否牢固,如有松动,进行紧固。

2) 测量合闸闭锁电磁铁 Y1 的阻值(DC 110 V 断路器的标准值约为 2 kΩ),如阻值异常,更换 Y1。见图 3-7。

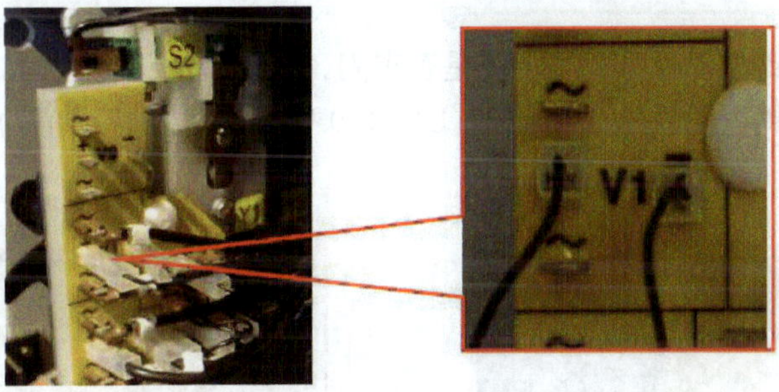

图 3-7 合闸闭锁电磁铁 Y1 接线松动或故障

可能原因六:整流桥 V1 或 V3 故障

检查方法:测量整流桥 V1 或 V3 的通断情况,如异常,则更换整流桥组件板。见图 3-8。

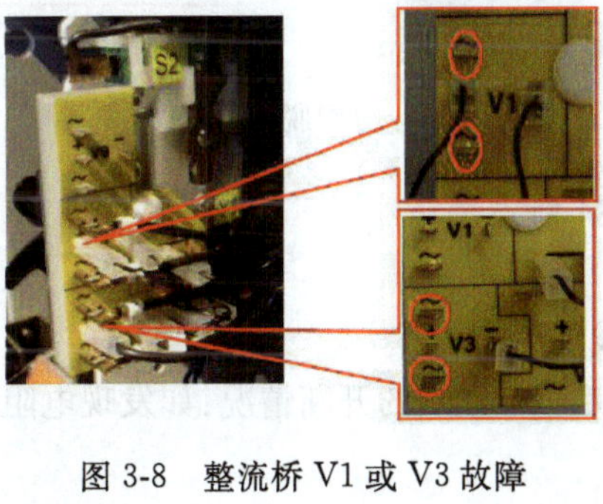

图 3-8 整流桥 V1 或 V3 故障

可能原因七:K0 自保持

检查方法:检查确认开关柜所配的继电器是否已经带有防跳回路。见图 3-9。

图 3-9　开关柜所配继电器

可能原因八:S2 辅助开关不到位

检查方法:闭锁电磁铁得电吸合后,测量 S2 辅助开关的通断情况。

可能原因九:控制电源电压过低

检查方法:测量控制电源电压是否低于额定值的 65%。

3.3　常见故障 3　电动无法分闸,分闸脱扣器不动作

可能原因一:分闸脱扣器 Y2 损坏

检查方法:

1) 检查合闸闭锁电磁铁 Y2 的接线是否牢固,如有松动,进行紧固。见图 3-10。

2) 测量合闸闭锁电磁铁 Y2 的阻值(DC 110 V 断路器的标准值约为 50 Ω),如阻值异常,更换 Y2。

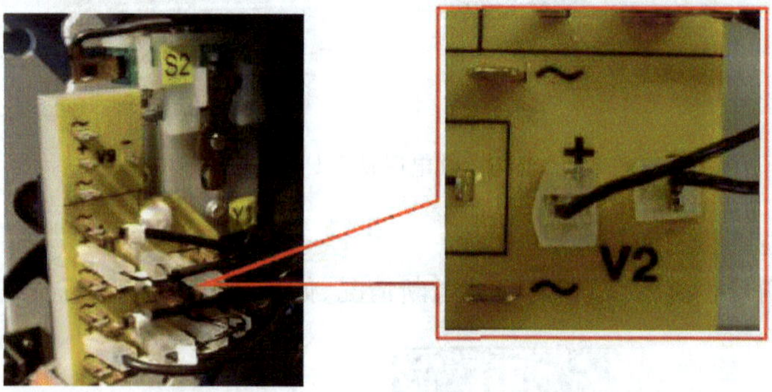

图 3-10　分闸脱扣器 Y2 损坏

可能原因二:辅助开关 S4 触点损坏

检查方法:

1) 检查辅助触点的接线是否牢固。

2) 检查 S4 辅助开关 13～14 触点的开断情况,如发现电阻值异常,则更换辅助开关 S4 元件。见图 3-11。

图 3-11　辅助开关 S4 触点损坏

可能原因三:控制回路接线松动或航空插针脱落

检查方法:检查辅助触点的接线或航空插针是否会缩回,或测试回路电阻是否异常。见图 3-12。

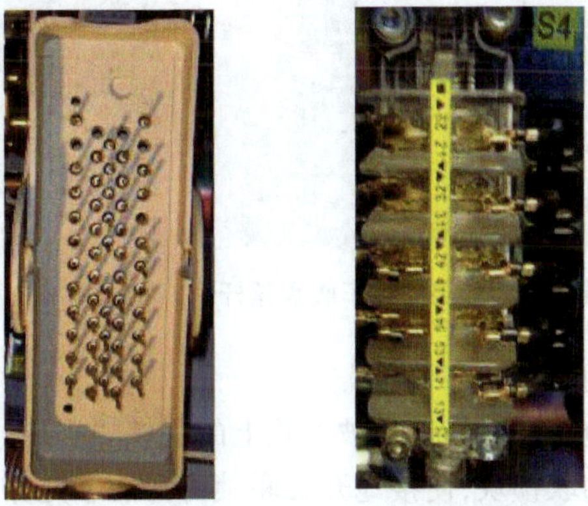

图 3-12　控制回路接线松动或航空插针脱落

可能原因四:整流桥 V2 故障

检查方法:测量整流桥 V2 的通断情况,如异常,则更换整流桥组件板。见图 3-13。

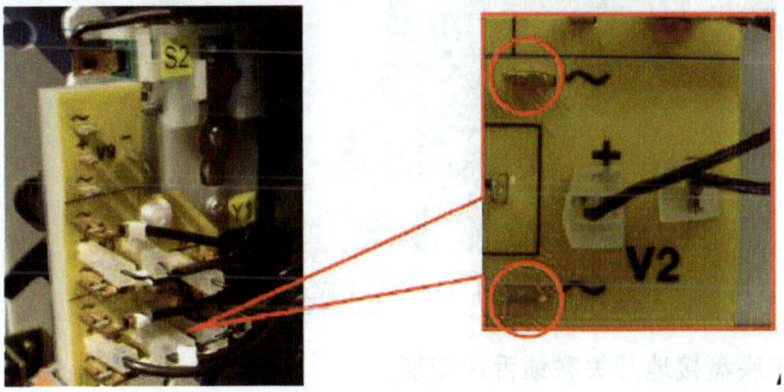

图 3-13　整流桥 V2 故障

可能原因五:控制电源电压过低

检查方法:测量控制电源电压是否低于额定值的 65%。

3.4 常见故障 4 断路器手车故障

现象一:手车摇到工作位置后没有停止,仍可以摇动

原因:底盘丝杆上的定位块脱离止动铜滑块的槽。

处理方法:卸下手车底盘,将丝杆抬高并用力摇动丝杆,将定位块复位。如铜滑块磨损严重须给予更换。见图 3-14。

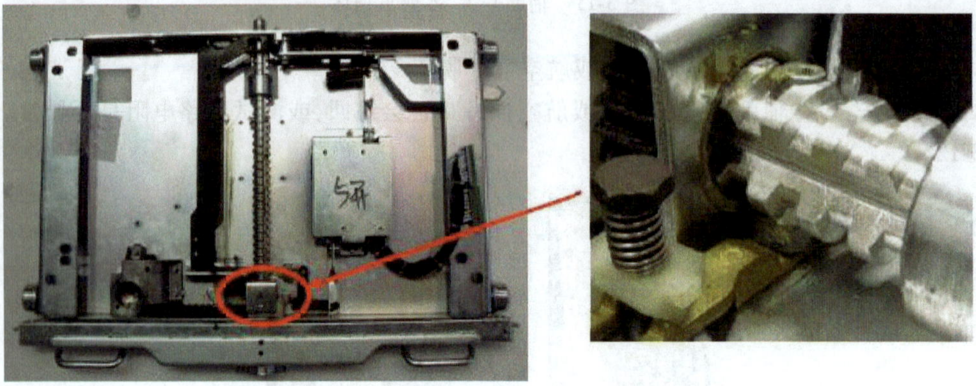

图 3-14 断路器手车底盘丝杆脱离止动铜滑块槽

现象二:手车只能摇动一圈半

原因一:手车底盘接地开关联锁舌片被导轨上的联锁块挡住。

解决方法:调整导轨的联锁块,使接地开关联锁舌片能够充分弹出。见图 3-15。

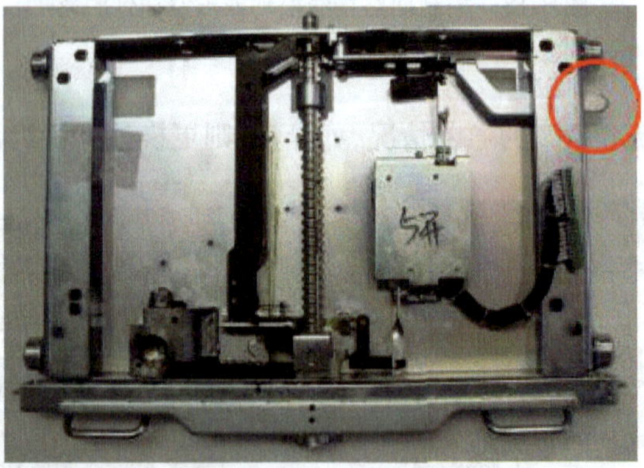

图 3-15 手车底盘

原因二:手车底盘接地开关联锁舌片变形。

解决方法:校正联锁舌片,使其恢复正常状态。

现象三:手车无法从试验位置拉到服务小车上

原因一:断路器手车没有到位。

解决方法:将断路器手车摇到试验位置。见图 3-16。

图 3-16　断路器手车没有到位

原因二：横梁上止动块故障。

解决方法：更换横梁上止动块。

原因三：横梁变形。

解决方法：更换横梁。

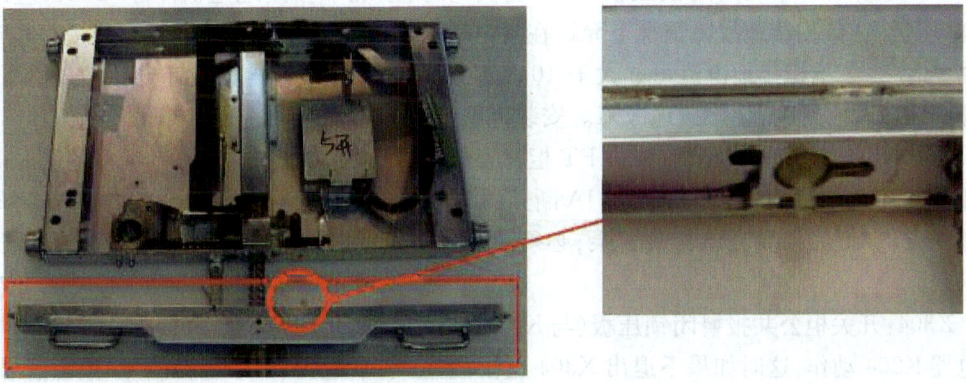

图 3-17　断路器手车横梁

第四章　经验反馈

6 kV 开关柜控制回路压板说明

X301:LCS 跳闸连接片,当开关柜就地试验盒插上时,如果 X301 在投入状态,则远方跳闸信号(LCS 系统)可以使断路器跳闸,如果 X301 在断开状态,则断路器不受远方跳闸信号的控制(保护相关的跳闸信号仍可以使断路器跳闸)。若就地试验盒不插上,此压板不起作用。安装范围:6 kV 电动机出线、电保持变压器出线、机械保持变压器出线。

X302:接地故障跳闸闭锁压板,由厂变供电时,系统单相接地电流小于 10 A,应断开 X302 压板,在单相接地故障情况下允许在限定时间(1~2 小时)内继续运行。当慢切换到辅变供电时,系统单相接地电流可能大于 10 A,应投入 X302 压板,当发生单相接地故障时,该故障线路应瞬时跳闸,切除接地故障。安装范围:6 kV 电动机出线,LKA、LKB 变压器出线。

X303:厂变进线联锁跳闸(来自 PT 柜),当 X303 在投入状态时,100 JA 断开的同时会联跳相关的开关,当 X303 断开时,100 JA 断开的状态信号不会联跳相关的开关。当 6 kV 母线由辅变供电时,如果要启动相关的泵,必须断开此压板。安装范围:主泵、主电动给水泵、循环水泵。

X304:开关柜公共报警闭锁压板(与 K204 继电器串接),当开关柜内有故障时,故障指示继电器 K204 动作,这时如果不退出 X304 压板,主控将出线“LG* 中压柜故障”报警信号,如果退出 X304 压板,则不产生此报警,只在就地产生报警(开关柜故障黄灯亮)。安装范围:6 kV 电动机出线、电保持变压器出线、机械保持变压器出线、进线柜及 PT 柜。

第五章　操作实施

本课程主要要求学员掌握表5-1三个操作项目。

表5-1　三个操作项目步骤要求及测评标准

序号	操作步骤	操作要求	操作工器具	测评标准	备注
1	断路器手车摇入摇出	正确使用操作手柄将断路器手车摇到指定位置。断路器手车拉出柜外时需防止设备倾倒	断路器手车操作手柄	操作手柄需插入到位，不可野蛮操作	
2	接地开关分合闸操作	正确使用操作手柄进行接地开关的分闸和合闸操作，操作出现异常时进行检修处理	ZS1 柜地刀操作手柄	操作手柄需插入到位，不可野蛮操作；分闸操作前需确认电缆室柜门已关好，柜内清洁无异物	
3	断路器动作特性测试	用 TM1600 型断路器分析仪测量断路器的分合闸时间、主触头的同期性和合闸时的弹跳时间	TM1600-MH61型断路器分析仪	断路器分合闸接线正确；会操作断路器动作特性分析仪，并能看懂测试数据	

5.1　操作实施1　断路器手车摇入摇出

5.1.1　断路器从运行位置转检修位置的操作

1）将断路器分闸；

2）逆时针摇动手柄将断路器手车摇至试验位置；

3）开启断路器室门；

4）掰开航空插头扣板，将航空插头拔出，将插头挂在断路器手车面板上的固定螺栓；

5）将服务小车插进并锁定在开关柜上，然后向后试拉小车，确认小车是否锁定，此时小车上的手杆应偏向右侧极限位置；

6）向内侧移动断路器手车横梁定位销，将手车移至服务小车上并认断路器手车已定位；

7）向左扳动服务小车上的手杆解服务小车和开关柜的锁定，将服务小车从开关柜上移开。

注意：服务小车上的四个手轮可用来调整小车平台的高度，使服务小车平台和水平隔板的高度保持一致。

5.1.2 断路器从检修位置转运行位置的操作

1）将断路器手车移入开关柜内的试验位置；

2）将航空插头对准开关柜上的插座，压下扣板使航空插头完全置入插座内；

3）关闭断路器室门；

4）顺时针摇动手柄将断路器手车摇至运行位置，到位时相应的手车位置指示器会出现指示信号。

注意：

1）操作前需确认：断路器室内清洁、无异物，保证接地开关处于分闸位置，检查确认活门处于关闭状态；

2）在将手车移入柜内时，需注意手车到位时其横梁定位销在松开后应能弹回外侧极限位置，否则手车无法摇入；

3）在将断路器手车摇至运行位置前，如不关闭断路器室门，手车将无法摇入。

5.2 操作实施2 接地开关分合闸操作

5.2.1 接地开关合闸操作

1）压下接地开关舌片，将接地开关操作手柄插入接地开关操作孔内，顺时针旋转 180°将接地开关合闸；

2）确认接地开关是否完全到位；

3）接地开关的状态可以从三个地方看出：模拟指示器、柜内接地开关主轴上的指示器、接地开关操作孔处的指示器；

4）对于某些装有带电强制闭锁装置的开关柜，接地开关的操作步骤如下：

① 确认低压室门板上的带电显示器为无电状态，同时辅助电源投入；

② 压下接地开关舌片；

③ 插入接地开关操作手柄，顺时针旋转手柄 180° 合上接地开关合闸。

如开关柜不设接地开关，只需压下操作舌片即可打开电缆室门。如操作舌片不能压下，说明电缆侧带电或闭锁电磁铁损坏，应分析原因。如遇机构故障，切不可强行操作。

5.2.2 接地开关分闸操作

1）将接地开关操作手柄插入接地开关操作孔内，逆时针旋转 180° 将接地开关分闸；

2）确认接地开关是否完全到位(机械/状态指示器)；

3）执行接地开关分闸操作前需确认柜内清洁、无异物，确认开关柜电缆室门已完全关好。

5.3 操作实施3 断路器动作特性测试

工器具：直流电源(0～150 VDC)一台，TM1600 型断路器动作特性测试仪一台，万用表一块，个人工具一套，测试线若干。

试验原理：在断路器的合闸线圈和分闸线圈控制回路中，接入 TM1600 断路器动作特性测试仪，通过 TM1600 断路器动作特性测试仪控制断路器的分合闸，同时从断路器的上下触头引出测试线至 TM1600 断路器动作特性测试仪，检测断路器合闸、分闸及弹跳的时间。

试验接线示意图如图 5-1 所示。

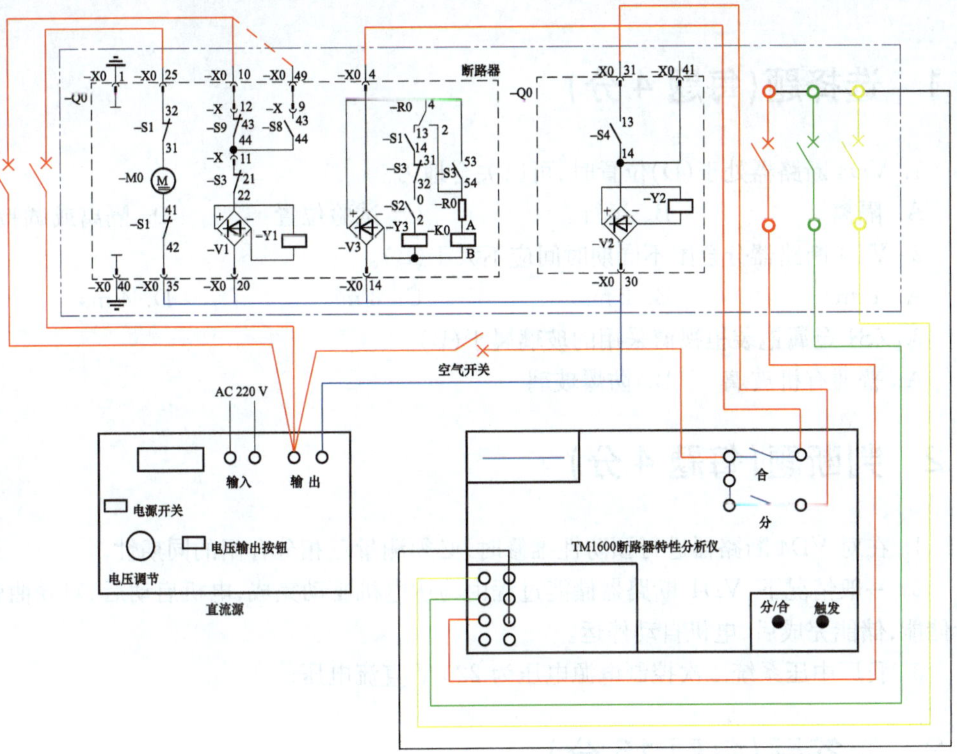

图 5-1　试验接线示意图

第六章　习　题

6.1　选择题(每题 4 分)

1. VD4 断路器处于(D)位置时,可以关合地刀。

A. 隔离　　B. 运行　　C. 试验位置　　D. 隔离或试验

2. VD4 断路器分合闸不同期时间应不大于(B)。

A. 1 ms　　B. 2 ms　　C. 3 ms　　D. 4 ms

3. ZS1 金属铠装柜视窗采用的玻璃属于(B)。

A. 普通有机玻璃　　B. 防爆玻璃

6.2　判断题(每题 4 分)

1. 在对 VD4 断路器进行预防性维修时,必须测量三相分合闸的同期性。　(√)

2. 一般情况下,VD4 断路器储能过程由马达电机驱动完成,电机启动后,对卷曲弹簧进行储能,储能完成后,电机自动停运。　(√)

3. 我厂中压系统二次控制电源电压为 220 V 直流电压。　(×)

6.3　简答题(每题 16 分)

VD4 中压开关的预防性试验项目有哪些?(需回答出至少 5 条)

答案:

1) 断路器清扫;2) 机构润滑;3) 插件检查;4) 触头检查;5) 分合闸状态绝缘电阻测量;6) 导电回路直流电阻测量;7) 分合闸线圈直流电阻测量;8) 断路器动作特性测试;9) 交流耐压试验;10) 操作机构测试。

6.4　实操题

鉴定点:二厂培教楼电气教室

试题:接地开关分合闸的操作或断路器动作特性测试

1. 准备要求

考场准备:

(1) 试题名称:接地开关分合闸的操作

(2) 本题分值:60

(3) 考核时间:40 min

(4) 考核形式:实操

(5) 设备设施准备:

序号	名称	单位	数量	备注
1	ZS1 开关柜+VD4 断路器手车	套	1	
2	接地开关操作手柄	个	1	

考生准备:

(1) 试题名称:接地开关分合闸的操作

(2) 本题分值:60

(3) 考核时间:40 min

(4) 考核形式:实操

(5) 工具及其他准备:参考 5.3 节。

2. 考核要求

(1) 本题分值:60

(2) 考核时间:40 min

(3) 考核形式:实操

(4) 具体考核要求:掌握接地开关的操作,并了解接地开关的闭锁/掌握断路器分合闸接线、断路器动作测试及数据的参看分析。

(5) 否定项说明:无

3. 配分与评分标准

(1) 接地开关分闸操作

序号	考核内容	考核要点	配分	评分标准	扣分	得分
1	确认工作对象	根据标定单确认设备	5	根据标定单确认设备,未自检,扣 3 分;未互检,扣 2 分		
2	检查确认工器具完好	确认工器具正确可用且无损伤	5	未检查确认的,扣 5 分		
3	合闸前确认断路器位置	断路器必须在试验位置或拉出柜外	10	未检查确认的,扣 10 分		
4	操作接地开关合闸	合闸到位	15	未按压操作孔挡板的,扣 15 分;操作后未检查是否到位的,扣 5 分		
5	操作接地开关分闸	分闸到位	15	操作前未确认电缆室柜门关闭的,扣 10 分;操作后未检查是否到位的,扣 5 分		
6	确认工作完成,清理工作现场	工完料净	10	未工完料净,扣 10 分		
否定项:无						
总分:						

（2）断路器动作特性测试

序号	考核内容	考核要点	配分	评分标准	扣分	得分
1	确认工作对象	根据标定单确认设备	5	根据标定单确认设备，未自检，扣 3 分；未互检，扣 2 分		
2	检查确认工器具完好	确认工器具正确可用且无损伤	5	未检查确认的，扣 5 分		
3	储能电机接线	接线正确	10	不正确，扣 10 分		
4	合闸闭锁电磁铁接线	接线正确	10	接线错误，扣 15 分		
5	分闸接线	接线正确	20	仪器接线错误，扣 10 分；断路器分合闸接线错误，扣 10 分		
6	确认工作完成，清理工作现场	工完料净	10	未工完料净，扣 10 分		

否定项：无

总分：

评分人：　年　月　日　　　　核分人：　年　月　日

第二部分 中压接触器柜维修

第一章 操作准备

1.1 文件准备

接触器操作及检修工作须准备完善的工作程序，包括检修试验的工作申请票、工作指令单、质量安全计划、检修试验规程、工前会记录单、工后会记录单及相关图纸等，简称工作文件包或工作包。作业开始前，工作负责人必须首先检查工作手续的完整性以及文件的有效性及正确性，这对保障后续安全顺利作业十分重要。

1.1.1 工前/后会记录单

工前会记录单用于记录检修设备、检修日期、检修注意事项等内容。工作开始前，工作负责人首先应组织召开工前会，就此次作业的内容、注意事项、风险难点、人员分工及过程控制等进行详细介绍，确保检修成员对信息理解无误、职责清晰。在此基础上，各工作成员可在工前会单签字栏签字确认。工后会单则用于对此次工作进行经验总结，各成员可就检修作业过程中出现的问题等，进行交流反馈，提出建议，使同类型检修作业更加完善。

1.1.2 工作申请票

任何一项检修作业，必须从工作申请票的准备开始，因此工作申请票是检修工作的源头文件，即检修作业的依据，如“1LHA106JA 接触器定期试验与检查” 等。检修人员在得到工作申请票后(一般日常检修中称为“票”)，首先应对该文件在系统中进行准备，编写工作指令、质量安全计划、风险分析及隔离条件等项目，有些工单还需要填写领料单。工作申请票准备完成后，提交班组长校核、专工及以上人员批准……，最后由运行部门隔离经理发放，此时工作负责人正式取得工作许可证(一般称为“取票”)。

1.1.3 工作指令单及质量计划

工作指令单及质量计划属于工作文件包重要组成部分，工作指令单按照先后顺序简要列举工作步骤，质量计划则以检修过程安全及质量为核心，因此通常对关键检修步骤设置“见证点”(H:停工待检点;W:见证检查点;R:文件检查点)。首先由工作负责人进行步骤执行，完成后签字确认，相应的质量控制人员(QC 工程师)对步骤进行见证，再依据情况签字确认。质量计划的实施，通过独立验证的方式完成，QC 工程师不得参与具体检修作业。

1.1.4　图纸

图纸是指维修人员在检修接触器过程中使用的已生效图纸，检修人员通过图纸可以直观查看待检修接触器隔离情况以及接触器二次电路情况。下图 1-1 为二厂 1LHA001TB 中压母线上部分 6 kV 接触器一次接线图。与之对应的现场实物布置图如图1-2 所示。通常在对具体的接触器实施检修时，应在工作文件包中添加对应该段母线的一次图纸，如 1LHA123JA，检修人员可以依据图纸检查对应的地刀是否合闸，以及接触器状态是否正确等。

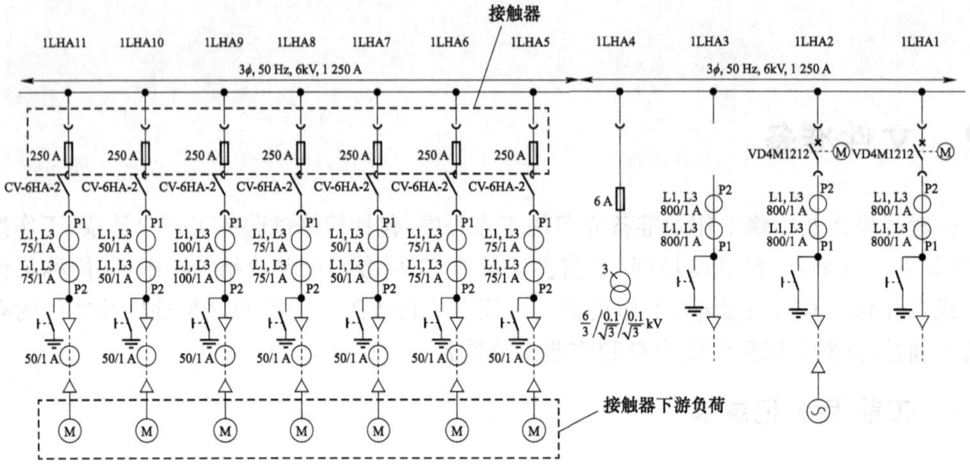

图 1-1　中压接触器一次接线图局部

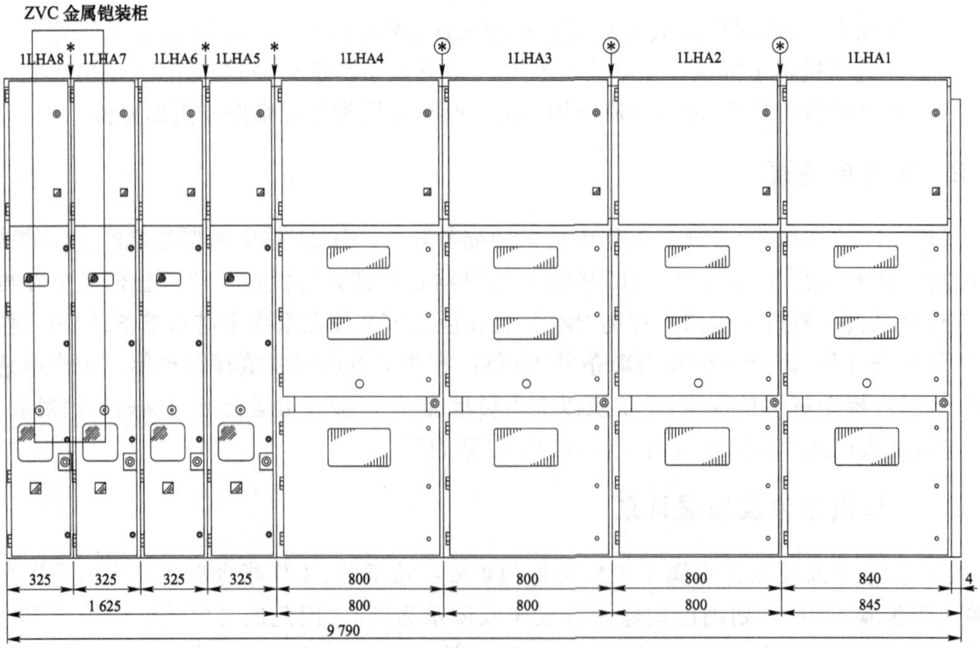

图 1-2　中压接触器现场布置图

1.1.5 风险分析

现场从事任何一项检修作业，都有一定的风险性，如高压试验触电风险、登高作业坠落风险、高温烫伤等，因此，必须在工作文件包准备阶段对该项工作的风险进行全面深入分析，尽可能将作业风险控制在尽可能低的范围。中压接触器的检修也不例外，通常将接触器检修作业风险归纳为：(1) 高压试验触电；(2) 走错间隔；(3) 相邻系统或设备带电；(4) 设备损坏。当然针对某此检修任务的调整，风险分析内容也可以做适当调整，总之是为了确保作业安全。

1.2 工器具准备

中压接触器操作及检修需要准备完善的工器具。一般来说，中压接触器操作部分相关的工器具由核电厂运行人员进行管理，包括接触器小车操作杆(俗称摇把)及 ZVC 金属铠装柜门锁的钥匙；维修人员在工作准备过程中准备相应的检修工具，通常将中压接触器检修用的工具集中放置，组成接触器检修专用工具，这样在中压接触器检修时，维修人员携带专用工具盒即可，方便快捷。

1.2.1 工器具

中压接触器检修试验应准备两套扳手(8-24)及螺丝刀(十字、一字)，现依据中压接触器检修试验规程对常用清单进行列举，需要说明的是现场不允许携带活动扳手，其他检修作业也一样。高压试验时，为确保试验人员人身安全，还需准备绝缘垫及绝缘凳，这两种工具在现场均有放置，因此试验时拿来使用即可。通常接触器检修时使用的工器具清单相见表 1-1。

表 1-1 中压接触器试验检修常用工具

序号	工器具名称	型号	数量	用途
1	数字高压兆欧表	500/2500 VAC	1台	绝缘电阻测试
2	数字万用表	FLUKE-179	1个	直流电阻测量
3	接触器操作手柄	—	1个	接触器小车操作
4	接触器柜门钥匙	—	1把	ZVC 开装柜操作
5	微欧计	MOM690	1台	直流电阻测量
6	交流耐压仪	50 kVAC	1台	接触器交流耐压试验
7	直流电压源	110～220 VDC	1台	接触器分合闸电源
8	触头磨损量测量尺	4 mm	1把	分断机构触头检查
9	放电棒	≥30 kV	1把	高压试验放电
10	临时电源	220 VAC	1个	检修试验临时电源
11	绝缘手套	≥30 kV	1 双	电气高压试验

1.2.2 备品备件及耗材

中压接触器试验检修时,根据检修任务需要,还需准备备品备件及耗材。由于备件的准备因任务而异,因此,这里只给出中压接触器检修时常用的耗材,详见表 1-2。

表 1-2 中压接触器检修试验耗材

序号	名称	型号	数量	用途
1	白布	—	5 米	中压接触器清洁
2	无水乙醇	≥95%	2 瓶	中压接触器清洁
3	毛刷	—	2 把	中压接触器清洁
4	导线	—	足量	接触器电气试验
5	润滑脂	NB52	1 瓶	接触器机构润滑
6	绑扎带	—	足量	临时固定
7	临时用电牌	—	2 张	检修电源

1.3 模拟体准备

该部分将对本教材所要培训的中压接触器进行详细介绍,使学员在操作之前全面系统地完成中压接触器的理论学习,本节着重理论介绍的同时,重点介绍了接触器及其 ZVC 金属铠装柜结构,这对掌握中压接触器操作至关重要。

通常所说的中压接触器即指接触器小车,英文翻译为 ZVC Fused Vacuum Contactor, ZVC 为金属铠装柜,Fuse 为熔丝,Contactor 为接触器或触点,字面意思意为带熔断器的真空接触器,因此中压接触器在本质上属于一类电气开关。通常在接触器选型上留有一定的裕度,比如核电厂 6 kV 中压系统,在中压接触器选型时,不会恰如其分选择额定电压 6 kV 的接触器,而是应该选择绝缘等级及载流能力稍高一点的接触器,比如 7.2 kV 的中压接触器。这样当接触器在经受系统过电压、过电流时,具有一定的耐受过负荷的能力,从而不至于使中压接触器损坏,提高了设备运行的可靠性及连续性。与此类似的中压断路器在耐受负荷设计方面则绝缘裕度更高,其具有开断和关合短路电流的能力。中压断路器和中压接触器的学习可以对照进行,其原理和结构具有一定的相似性。

ZVC 金属铠装柜及接触器主要技术参数:

➢ 固定部分

——额定电压/kV 7.2

——主母线额定电流/A 3150

——动稳电流/A 63/100

——额定 3 秒热稳定电流/kA 25/40

——工频耐压/kV 20

——冲击耐压/kV(峰值) 60

➢ 带熔丝接触器

——最大工作电压/kV 7.2

——额定运行电压/kV 6.6

——最大工作电流/A 420

——额定工作电流 AC4/A 400

——短路丌短能力/kA 6.3

——2 秒热稳电流/kA 8

——10 毫秒冲击电流/kA 85

——开断时间/mesc 15~25

1.3.1　F+C 型接触器结构介绍

正常运行时,接触器小车处于“运行位置”,接触器小车分断机构触头处于合闸状态,负荷电流经 6 kV 中压母线通过中压接触器上部触头,再经过熔断器后,流入接触器真空开断机构,最后经下部触头流出,供给负荷设备,如干式变压器、大型电机等。图 1-3 为 ZVC 金属铠装柜及 CV-HA-2 型中压接触器小车结构,从图中可以清楚看到接触器小车及 ZVC 金属铠装柜的具体组成。其中 A 为中压母线室,其中水平排列着 6 kV 中压母线,设计上在接触器隔室采用分支母线形式,将其引向接触器进线处。B 为接触器室,该小室柜门可以打开,运行人员可以依据指令将接触器小车推入或拉出柜外,在该小室内,布置着接触器上下进线触头。在接触器小车拉出柜外后,触头挡板自动关闭,放置带电部位裸露,引发触电事故。而在接触器小车推入小室后,进一步推入运行位置的过程中,接触器小车前段的活门驱动机构则会驱使活门再次分开,确保接触器小车上下触头插入到位。这些设计在其他断路器及接触器的应用上也非常普遍。接触器室的机构相对比较复杂,涉及到的连锁也比较多,涵盖了地刀状态与接触器小车,小车与 ZVC 铠装柜柜门等。这些连锁机构的设置均是电气五防的体现,有些设计非常精妙,需进行仔细观察。C 小室为电缆室,电缆室布置在接触器的中下部,电缆端头均制成标准的电缆端接头,通过 M12 或 M16 的螺栓与铜排进行

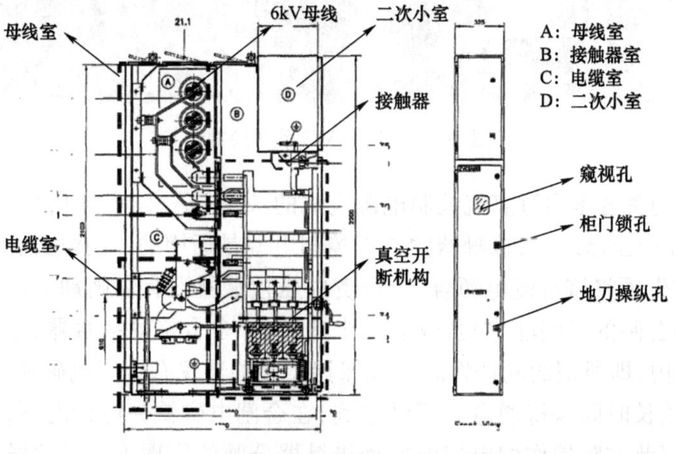

图 1-3　ZVC 金属铠装柜及接触器小车

端接。电缆的支撑采用合成绝缘子,有些还加装了避雷器。在避雷器附近通常装设电容分压指示器或带电指示器,用以直观观察带电情况。在电缆小室里,可以清晰看到接触器柜的电流互感器 CT,通常布置为 A/C 相及零序电流互感器。这些环形的穿心式 CT 是接触器下游负荷继电器保护设备的重要组成部分。

在发生接地故障或过流等故障的情况下,电流互感器将电流型号送入接触器二次小室上的综合保护继电器(如SPA142等)进行分析,发出报警及动作指令。该电流互感器另一作用是将负荷电流转换成输送至二次小室上的电流表,用以直观读取电流数值。接触器电缆室的电缆通过支撑固定后,敷设至负荷设备,再进行端接。这样就组成了一个由中压母线、中压接触器、中压电缆及负荷设备的基本回路。需要注意的是中压电缆在敷设和固定方面,有些注意事项应引起重视,如电缆的屏蔽线应可靠接地等。

下图 1-4 为二厂 ZVC 接触器,接触器合闸电磁铁工作电压为 110 V 直流电压。对于电气保持型接触器,当其通电时,真空开断机构在合闸线圈产生的电磁力的作用下,动触头将动作合闸;当其失电情况下,动触头将自动分开。对于机械保持型,则需要分闸电磁铁动作,使触头分断。从下图 1-4 可以看出,接触器熔断器是有方向性的,"↑"表示熔丝熔断后的动作方向,正常情况下熔丝可以通过 400 A 左右的电流,但过高的电流会使熔断器中的熔丝发热熔断,此时熔断器机构中的动作顶杆将向上弹出,使接触器顶部的熔断器行程开关动作,致使接触器跳闸。关于接触器实际操作方面的问题,后面将在具体操作方面做进一步介绍。

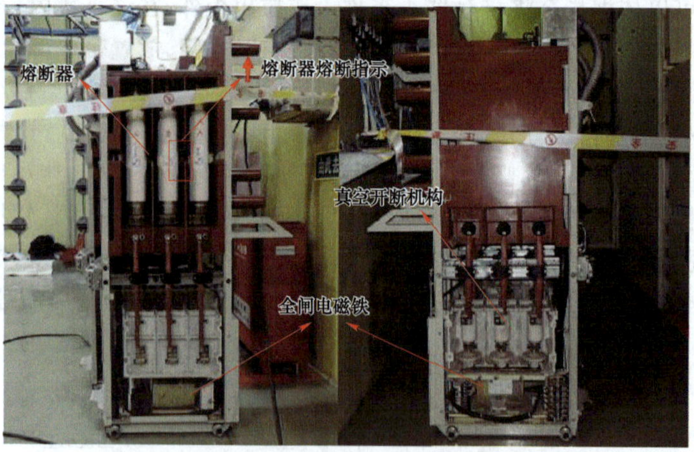

图 1-4 二厂 ZVC 系列接触器

中压接触器的关合是通过直流控制电源完成的,CV-HA-2 系列中压接触器的工作电压为 110 VDC。在中压母线上,接触器的二次控制电源是通用的,在接触器送电时,操作人员(或运行人员)首先须将该直流电源合上,负责中压接触器没有合闸动力。通常接触器合闸电磁铁从得电到合闸的时间非常短,仅有几十毫秒,一台合格的接触器,三相合闸的时间须控制在几毫秒以内,即所谓的同期性。电气保持型接触器仅有合闸电磁铁,接触器在合闸状态下,合闸电磁铁长时间保持通电。不难想到,在合闸电磁铁失电情况下,电气保持型接触器将实现分闸,因此实际操作中电气保持型接触器分闸的原理也正是这样。电气保持型接触器结构比较简单,仅有合闸电磁铁,因而对电磁铁可靠性要求很高。额定电压 110 VDC

的合闸电磁铁，在 110%Ue 及 85%Ue 情况下均应可靠动作，但在 33%Ue 时，接触器合闸状态不能保持，否则检修人员应对电磁铁进行检查。需要注意的是合闸电磁铁在实施动作特性试验时，不能在通电的情况下进行电压调节。而应该首先将电压调节好后再进行试验，以免使接触器合闸电磁铁性能受到影响。机械保持型接触器则设计有分闸电磁铁。合闸后如要对其进行分闸操作，需要启动分闸电磁铁(或分闸脱扣器)。机械保持型接触器和电气保持型接触器在控制电路上略有差异，主回路相同。接触器二次电源通常集中布线，最后由二次插件引出。插件上有 22 组插针(CV-HA-2 型)，在接触器小车推入运行位置后，该插件直接插装在 ZVC 金属铠装柜插座上，从而实现接触器小车控制电源、加热器电源、报警等系统的连接。接触器的外壳采用树脂材料，具有硬度高、质量轻及耐高温等优点，这部分材料在国内外中压开关上应用非常普遍。如 VD4 断路器整个灭弧栅则完全封装在树脂外壳中。

接触器小车前段有上下两组横向突出的板状结构，这是接触器活门驱动机构。在接触器推入运行位置的过程中，活门驱动机构会驱使母线触头的挡板打开。

接触器小车前段有上下两组接线共计六个触头，上端从下到上依次为 A、B、C 三相，下端接线触头(面对触头)从右至左依次为 A、B、C。关于 ZVC 接触器金属铠装柜，其板材选用高强度合金钢，抗高温抗震性能均非常优越。实际上 ZVC 金属铠装柜的窥视窗玻璃面板的机械性能也非常高。接触器柜相关试验表明。在 ZVC 柜发生严重短路事故的情况下，这些玻璃面板在高温电弧及高温高压气流作用下，也不会发生严重爆裂，一般会造成裂纹，但这些玻璃面板的破裂结构不会形成锋利尖锐的棱角，因此，其次生危害也小得多。需要指出的是 ZVC 金属铠装柜结构非常紧凑，对于其内部组成及其动作情况需要仔细观察。

1.3.2　母线室

母线室是中压接触器柜重要组成部分，横向分布着中压母线，母线采用 TU2 无氧铜材料，母排表面套装热缩套作为母线防护材料。在母线的与分支导线端接位置加装了母线绝缘罩。

母线的检修通常是整个中压母排停电期间实施，需要对母线室内部进行仔细清洁检查，母线结构如图 1-5 所示。应该说母线部分是整个中压系统中共性最强，结构最简单的系统。依据多年来的检修经验，作业人员在整个中压母线检修期间才会打开中压母线顶部盖板。

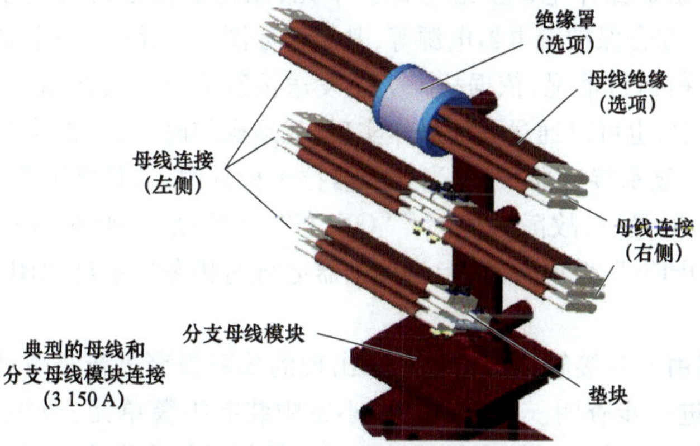

图 1-5　ZVC 金属铠装柜母线布置

从现场实际检修来看，母线室空间非常狭小，可检查部位非常有限。因此，作业期间防异物风险是母线室清洁的首要风险。检修时，必须将扳手、毛刷、白布等系在手上，必要时进行工器具登记。作业完成后，恢复顶部封板时，应该注意不要将合金钢螺栓和熟料螺栓混装，以免留下隐患。这部分内容已在上面泄压门保护部分进行详细介绍，这里不再赘述。

1.3.3 电缆室

电缆室结构比较简单，三相中压电缆经接线端子接往负荷设备，通常三相用 R、W、B 表示，颜色依次为红、白、蓝，相当于 A、B、C 标识。电缆室结构如下图 1-6 所示。正常情况下，在将接触器小车摇出 ZVC 柜体后，检修人员即可从前面观察到电缆室结构。下图 1-6 中电缆接线端子部位设计有绝缘隔板，这一设计主要是为了改善各电缆端接头的绝缘情况，防止相间出现放电事故。

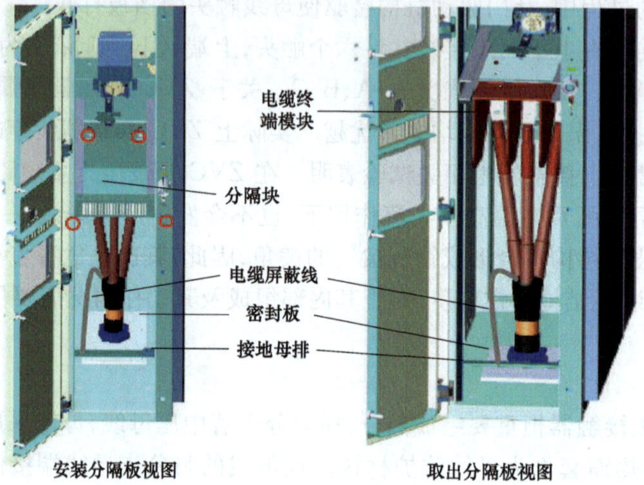

图 1-6 ZVC 金属铠装柜电缆室结构

1.3.4 二次小室

二次小室为接触器操作电源及继电保护单元，涵盖了接触器直流控制电源开关、加热器、状态指示器以及综合保护继电器电源等，其结构如图 1-7 所示。保护继电器 F331 用于检测接触器及下游负荷运行情况，依据故障类型发送报警信号及跳闸指令等。接触器的分合闸通过远程控制实现，也可以通过就地操作实现，就地操作时，远程操作失灵。H401 单元即接触器状态指示灯，显示接触器状态，当接触器拉出柜外时，“FAULT”故障指示灯发亮，当接触器摇入运行位置后，故障灯熄灭，“OPEN”灯发亮，但此时接触器仍然是断开的。当接触器闭合，“OPEN”熄灭，此时指示接触器运行的状态指示灯“RUNNING”发光，反之亦然。

故障重置按钮用于对接触器运行过程中出现的故障报警进行复位处理，如重置后故障依然存在，则需要进一步查明。接触器二次小室中装有报警单元，当接触器存在故障情况下，小室中的报警电路会启动。综合保护继电器报警指示灯会发光，另外报警信号也会送至主控制室。

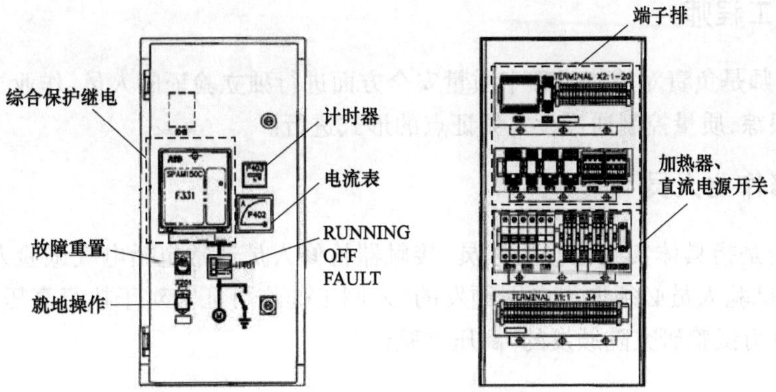

图 1-7 ZVC 金属铠装柜二次小室面板及柜体内部结构

1.4 辐射防护准备

一般中压开关的检修及操作不涉及辐射防护，但应该明确中压接触器下游负荷如各种泵及干式变压器，可能承担着核岛相关设备的重要供电任务。因此，检修人员应该对设备情况有明确认识，检修时应该以高度的责任感和一丝不苟的严谨态度认真检修设备，排除隐患，确保经检修的中压接触器持续安全稳定运行。

1.5 工业安全准备

一般来说，中压接触器的检修作业涉及的工业安全风险比较明确，检修作业时只要稍加注意即可。依据检修经验看，作业的主要的风险包括设备损坏及人身安全风险。设备损坏方面主要有推拉接触器小车时倾倒，导致接触器摔坏。从结构上看，中压接触器小车比较窄，在推拉过程中容易出现倾倒，这会对接触器造成严重损坏，特别是真空开断机构，容易碎裂，因此推拉接触器时应该多人配合操作。人身安全方面，主要是交流耐压试验时可能引起触电，这要求试验开始前必须准备好试验工具，中压接触器外壳及试验设备可靠接地，试验人员严格操作，放电彻底。严格执行电气安全作业的“组织措施”和“技术措施”。

1.6 配合人员准备

1.6.1 工作负责人

工作负责人，是指经公司或处室考核授权的具有一定检修经验的人员，工作负责人在作业过程中只承担工作监护任务，不参与具体检修作业。检修作业开始前，工作负责人到隔离班领取接触器小车检修相关作业许可证，召集工作组成员准备工器具。到达作业现场后，由工作负责人组织召开工前会。检修期间，工作负责人始终不得离开现场。

1.6.2 QC 工程师

QC 工程师是负责对检修过程中质量安全方面进行独立验证的人员，作业过程由其对检修工作进行跟踪，质量控制通过设置见证点的形式进行。

1.6.3 检修作业人员

作业人员是指具体实施检修的人员，接触器检修人员通常包括电气试验人员及检修人员，其中电气试验人员必须取得电网颁发的"入网工作许可证"，对于执行高压试验的人员，还需取得由电力试验研究院颁发的"高压试验证"。

1.7 场地准备

接触器检修一般安排在现场就地进行，检修时需要将接触器小车推移到宽敞平坦地方。现场将检修工器具、耗材有序摆放。作业开始前，应对现场进行勘察，设置隔离警示带，必要时在容易被穿越的门口派人把守，放置交流耐压试验时，无关人员闯入试验区域。

第二章　操作实施

2.1　操作实施 1　将接触器小车拉出柜体

将接触器小车拉出柜体操作见表 2-1。

表 2-1　接触器小车拉出柜体操作

序号	操作步骤	操作要求	操作工器具	测评标准	备注
1	查看接触器状态	确认接触器处于分闸状态	—	接触器分闸	
2	摇出接触器小车	匀速摇动操作手柄	操作手柄	顺利摇出	
3	ZVC 柜门上锁	ZVC 柜门可靠关闭	柜门钥匙	柜门可靠关闭	

2.1.1　操作实施 1 中序 1　查看接触器状态

对接触器小车实施拉出操作前，必须检查接触器小车状态，确认其处于分闸状态。拉出接触器小车时，二次小室的接触器二次电源可以不断开，但应该查看 ZVC 金属铠装柜门上的“OPEN”或“OFF”指示灯处于发光状态，即可实施接触器小车拉出操作。当然，接触器在运行位置时，接触器小车也无法拉出，设计上闭锁了该项操作。正常顺序必须是先断电后拉出。

2.1.2　操作实施 1 中序 2　推入接触器小车

打开接触器柜体操作孔封板，将接触器操作手柄对准接触器小车操作孔，按压到底，逆时针摇动操作手柄，同时观察接触器小车移动情况，直至接触器小车退出至柜门处，接触器操作孔详见下图 2-1。

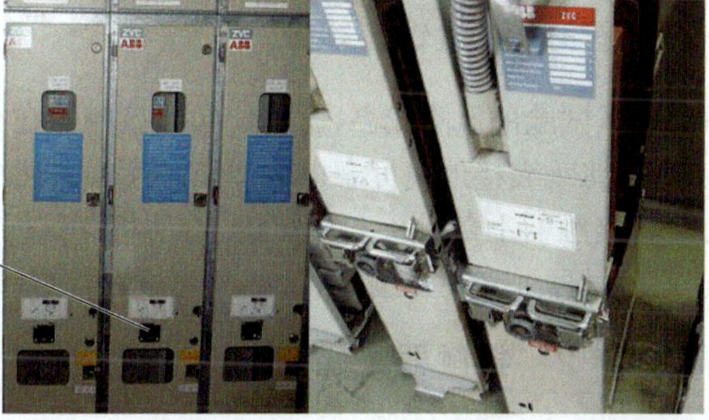

图 2-1　ZVC 金属铠装柜二次小室面板及柜体内部结构

拉出接触器小车过程中，如感觉操作手柄过于卡涩或操作手柄拒动，应停止摇动，直至查明原因。依据现场经验，接触器小车的拉出过程还是相对容易的。

2.1.3 操作实施 1 中序 3 关闭接触器柜门并上锁

将接触器小车拉出至柜门处后，接触器小车前端的柜门联锁机构会碰触 ZVC 柜门锁扣。此时即可打开 ZVC 接触器柜门，将接触器拉出柜外，按照一般操作要求，需要将柜门进行上锁，并在上触头挡板位置上锁，以防触电。有时还需要对该接触器对应的地刀进行合闸操作。现场一般检修某接触器时，隔离要求首先要求断开该接触器及其二次电源；其次，将该接触器拉出柜外，柜门上锁；最后，随该接触器对应的下游地刀实施合闸操作，并悬挂运行人员签发的“禁止分闸”指示牌。

2.2 操作实施 2 接触器检修及试验

接触器检修及试验操作见表 2-2。

表 2-2 接触器检修及试验

序号	操作步骤	操作要求	操作工器具	测评标准	备注
1	试验仪器接线	连线正确	数字兆欧表	布置规范接线正确	
2	接触器绝缘电阻测试	2500 V/AC 电压	数字兆欧表	测得正确数值	
3	分合闸线圈试验	测量合闸线圈绝缘电阻；测量合闸线圈直流电阻。	多功能万用表	测得正确数值	
4	接触器触头检查	测量动触头磨损量	测量尺	测得数值≥4 mm	
5	接触器清洁	对接触器进行清理	毛刷 白布	外观干净	
6	交流耐压试验	断口耐压、导体对地耐压	交流耐压仪	完成升压/降压	教师示范，学员理解即可。
7	添加润滑脂	对接触器触头添加润滑脂	NB52 白布	涂抹均匀	
8	接触器位置指示检查	检查“运行位置”与“隔离位置”指示	操作手柄	指示牌显示正常	

2.2.1 操作实施 2 中序 1 试验仪器接线

试验部分，考虑到高压试验的风险较高，这里仅实施接触器在分闸状态下的断口绝缘电阻测试。首先将数字高压兆欧表接地线可靠接地，然后将测试线插入

“LINE”插线孔。将接触器上部触头三相短接，然后将测试线线夹夹在短接线上，接触器下部触头端接口连同接触器外壳一并接地。

2.2.2 操作实施 2 中序 2 接触器绝缘测试

检查接触器试验接线，如接线正确，按下数字兆欧表开关按钮，调节试验电压为

2500 VAC,可以启动绝缘测试。读取60秒绝缘数值。测试完成后,对接触器进行放电操作,拆除试验接线。一般地,绝缘电阻数值不得低于 1000 MΩ。当然接触器绝缘电阻测试前,首先应该对接触器进行彻底的清洁。

2.2.3　操作实施 2 中序 3　分合闸电磁铁试验

找出接触器分合闸线圈接线端子,用万用表分别测试合闸线圈的绝缘电阻及直流电阻,通常合闸线圈绝缘电阻大于 10 MΩ 即可。上文提到电气保持型接触器只有合闸电磁铁,而机械保持型接触器不仅具有合闸电磁铁,还有分闸电磁铁。因此,测量时应逐次测量,所测数值应该与该接触器交接试验报告及以往试验报告进行对比,有异常应查明原因。需要说明的是,如果直流电阻偏大,则应结合接触器动作特性试验综合分析。早期进口的 ABB 系列接触器,国内并不具备更换分合闸电磁铁的资质,近年来,该缺陷可以由国内授权单位完成处理,因此,如果发现缺陷,不应擅自处理,而应征求厂家意见。

2.2.4　操作实施 2 中序 4　真空开断机构触头检查

衡量接触器触头状况的另一重要指标,是真空开断机构触头磨损量测试。此时真空开断机构动静触头闭合。如果运行中或者接触器合闸过程中,动静触头出现烧蚀等情况,则触头的有效长度将变短。真空开断机构触头在合闸情况下,将测量尺插入合闸机构测量位置,如测量尺可以顺利插入,说明接触器触头磨损尚在合格范围,反之不合格,操作过程示意如图 2-2。

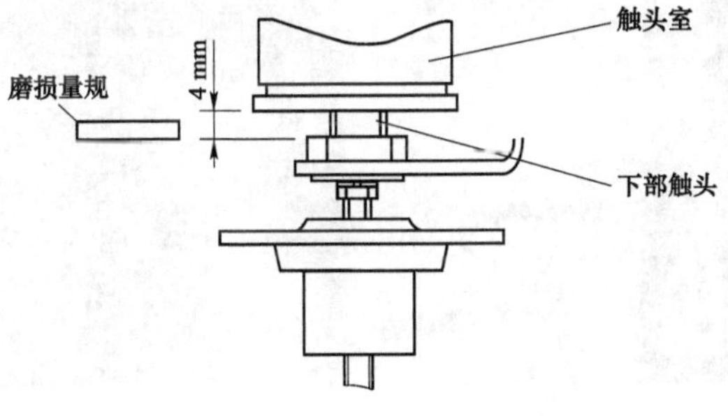

图 2-2　接触器真空机构磨损量测试及检查

2.2.5　操作实施 2 中序 5　对接触器进行清理

对接触器进行全面检查,拆除接触器保护玻璃板,对接触器各位置进行仔细清洁,直到清洁度达到要求,目视检查无可见灰尘。

2.2.6　操作实施 2 中序 6　对接触器添加润滑脂

对接触器进线及出线触头位置进行彻底清洁,并进行检查,如有异常应对触头进行更换。在触头内壁补充适量的导电润滑脂 NB52,触头结构见下图 2-3。

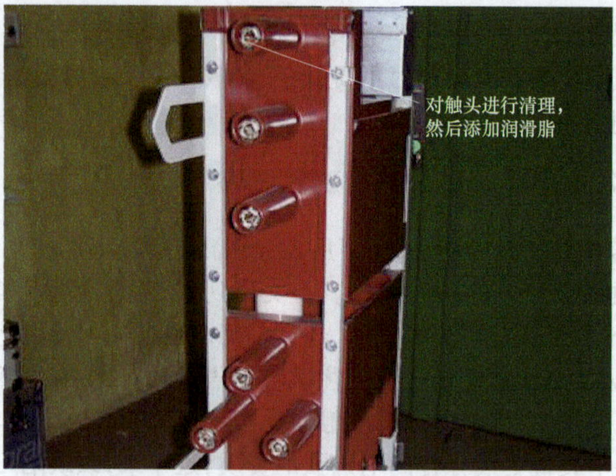

图 2-3 接触器进线及出线触头

2.2.7 操作实施 2 中序 7 接触器位置指示检查

将接触器小车操作手柄插入操作孔，然后按压到底，摇动操作杆，观察图 2-4 中接触器位置指示有无变化，运行位置指示“IN SERVICE”，隔离位置指示“ISOLATED”。

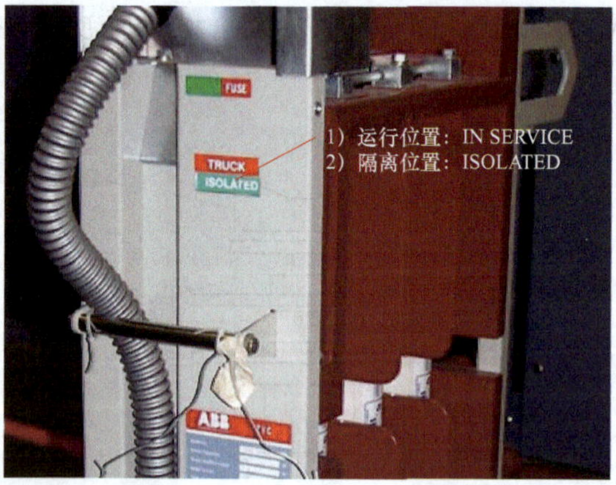

图 2-4 接触器进线及出线触头

至此，ZVC 系列接触器小车及其柜体的操作试验项目基本完成，需要说明的是中压接触器及母线的检修作业是一项组织严密、要求严格、步骤有序的试验检修工作，对检修试验人员的要求较高。这里仅以常见的绝缘试验为例，做简要介绍，只要掌握了该部分内容，整个接触器试验只是延伸，容易掌握。

2.3 操作注意事项

中压接触器的基本操作涉及较多的联锁，这是接触器操作中应该特别重视的，由于接触器联锁未正确动作，而导致接触器机构损坏的案例在现场生产中比较普遍，这是学员应该重视的。培训过程应结合理论知识及教员的指导，反复操作练习，直至熟练掌握操作技巧。这里将相应的要点进行归纳:1) 接触器在运行位置时,不应对地刀强行实施合闸操作,否则可能损坏地刀传动轴及锥形齿轮;2) 在将接触器拉出过程中,应注意不要使接触器倾倒;3) 在将接触器小车推入运行位置的过程中,操作人员会从操作手柄处感知到明显的到位信号,此时不应再强行摇动操作手柄。

为确保接触器的基本操作顺利,这里结合五防联锁,说明如下,以便参考。

——当接触器处于合闸位置时,手车不能移动。

——把手车移入工作位置之前柜门必须关闭。

——接地刀闸在手车处于隔离位置时方可合闸,反之,接地刀合闸,手车无法推入。

——只有当手车位于隔离位置时,柜门方可打开。

第三章 故障判断和排除

常见故障现象和判断方法检查和处理见表 3-1。

表 3-1 常见故障现象和判断方法检查和处理

序号	故障现象	判断方法	故障原因分析	故障排除方法
1	接触器拉出过程柜门无法打开	通常表现为接触器柜门不能正常开启。	柜门连锁机构解锁不到位，导致柜门卡死。	使用接触器操作杆，对接触器小车做往复式来回调整，再次尝试打开柜门。
2	接触器小车推入拒动	接触器小车无法推入运行位置，推入过程有明显的阻力	1. 接触器地刀未分闸； 2. 接触器柜内有异物。	原因 1. 对应措施为分开接触器柜地刀； 原因 2. 对应措施为拉出接触器小车，排查柜内异物
3	ZVC 接触器地刀拒动	接触器地刀在没有闭锁的情况下，无法实现分合闸操作	1. 电气联锁未接触器； 2. 地刀机构形变。	原因 1. 对应措施为解除相关联锁； 原因 2. 是常见现象，通常需要更换地刀机构。
4	ZVC 金属铠装柜加热器故障	加热器不发热；加热器直流电阻不合格或开路。	加热器断线、老化或其他原因损坏。	测量加热器的直流电阻，如不符合要求，即确定加热器存在故障，通常需要更换加热器。
5	接触器地刀指示不到位	分合闸指示不准确	机构窜动。	安装地刀指示锁片进行校准。
6	熔断器熔断缺陷处理	熔丝顶针弹出	1. 熔丝疲劳； 2. 过电流。	更换新熔丝组件，并进行直流电阻测试。
7	动作电压低	低电压限值无法保持合闸状态	分合闸电磁铁故障。	通常需要更换电磁铁，并再次进行动作电压测试。

上表基本涵盖了接触器常见的故障类型，下文对各种故障进行了比较详细的介绍，并给出了处理方案，实际应用中可以参考。当然，部分重要模块缺陷的处理则需要厂家进行处理，如分合闸模块“DU”的修理，涉及相关资质，因此，不建议自行处理，本篇也做了简单介绍。

1. 接触器拉出过程柜门无法打开

此类问题通常是由接触器小车拉出操作不到位所致，也是典型的故障类型，特别是对于已经运行多年的接触器，传动机构出现一定程度的微小变形，容易导致接触器小车出现卡涩情况。此类问题可先将接触器小车再次推入，尝试再次将接触器拉出，拉出过程观察接触器小车动作情况，直至 ZVC 金属铠装柜门可以顺利打开。将接触器摇出后，应该对机构进行检查校正,必要时在传动轴位置补充润滑脂。接触器柜门连锁机构见下图 3-1。

图 3-1 接触器柜门连锁机构

2. 接触器小车推入拒动

此类问题通常有以下两方面原因,首先是接触器地刀未分闸,此时地刀联锁机构闭锁销弹出,详见下图 3-2,致使接触器无法推入运行位置。此时,应首先对该接触器小车地刀实施分闸操作,完成后可将接触器小车推入运行位置。需要说明的是接触器小车在操作过程中不得强行操作,这样容易造成小车机构损坏。此外,接触器小车传动机构上的卡销如没有弹出到位,也可能使接触器小车无法摇入,此时应将该机构手柄重新操作,直到机构卡销顺利弹出到位,此过程可以听到清脆的机构卡销弹出声音,再次实施操作,可将小车推入。

图 3-2 接触器柜门连锁机构

3. ZVC 接触器地刀拒动

此类问题比较常见,在接触器地刀操作过程中如地刀卡涩非常明显,应检查该接触器有无地刀电气联锁,如有联锁应对该电磁铁通电,使闭锁电磁铁动作,然后才可以对地刀实施操作。除此之外,应该考虑地刀机构故障,常见缺陷为地刀锥齿轮形变。此类故障处理相对麻烦,需要对将缺陷地刀拆除进行修理或更换。

4. ZVC 金属铠装柜加热器故障

正常运行过程中,为防止接触器柜温度骤变引起接触器柜体凝露,通常在接触器内壁设置了 100 W/240 VAC 加热器持续加热,如有异常应对加热器进行更换。加热器结构详见下图 3-3。

图 3-3 接触器柜体加热器

传统的加热器表层为非金属树脂,近年来加热器逐渐采用金属材料封装,其大小尺寸也出现了一定变化,因此在实施加热器安装更换时,首先应该对新型加热器的型号、使用条件等进行仔细考察。

5. 接触器地刀指示不到位缺陷及其处理

接触器地刀指示不准确缺陷也是接触器柜常见的缺陷之一,主要表现为地刀指示始终不到位。接触器地刀在合闸状态时,原本应该指示在"1"的位置指示出现明显的偏离现象,如图 3-4 所示。这类缺陷属于典型的老化缺陷,主要是随着接触器地刀频繁操作,机构指示出现了一定程度的滞后,使得地刀在合闸位置时,指示装置始终不能动作到位。此类问题看似小问题,但会影响现场实际操作,应该指出,此缺陷属于设计上的不完善因素。现场通过对地刀机构进行改造,使得该缺陷得到了较好处理。改造时需要将地刀机构拆除,在地刀传动杆上增加卡簧,对机构进行了矫正。

图 3-4 ZVC 接触器地刀缺陷处理

以上对常见的 ZVC 金属铠装柜缺陷及存在的问题进行了归纳。关于 ZVC 金属铠装柜缺陷，基本上包括了机构变形、零件缺失两大方面，应该说只要故障判定准确，实施检修相对容易。难度较大的应该是接触器地刀缺陷处理，处理时需要将接触器地刀局部拆开，另外检修空间也狭小，有一定的难度。

6. 熔断器熔断缺陷处理

运行中的接触器如出现单相接地故障等，熔断器则会因过载而熔断，在此情况下，接触器熔断器行程开关顶杆通常会断裂。处理时应对故障的熔断器进行更换，并对接触器实施电气预防性试验，合格后接触器才可以投入运行。需要注意的是接触器熔断器，随着使用时间的推移，熔丝的疲劳程度会增加。一般的熔断器其设计寿命会达到 15～20 年，建议更换周期通常要缩短 5 年左右，因而推荐更换周期可以定为 10～15 年。作为检修人员，应该加强熔断器的寿命监测，做好统计工作，必要时对接触器的熔断器实施更换，防患未然。

7. 合闸电压低

电气保持型接触器在和闸后，其合闸线圈电压长期保持，该合闸线圈额定电压为 110 VDC，但随着接触器运行，线圈不可避免会出现老化现象，导致合闸线圈保持电压下降，通常应将接触器合闸电磁铁进行解体修理，必要时也可以考虑更换合闸电磁铁，图 3-5 中即为接触器合闸电磁铁，左边接线端子排上蓝色接线为合闸电磁铁电源。

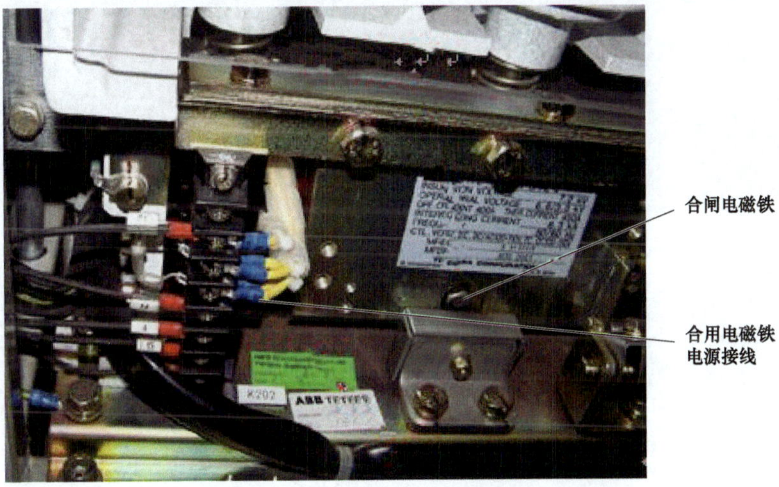

图 3-5　接触器合闸电磁铁

8. 接触器直流电阻超标

在对接触器实施直流电阻测量时，有时会出现直流电阻超差现象，此时首先应该对试验接线进行检查，确保接线连接可靠。试验时应分别对熔断器、真空分断机构以及整个电气回路进行检查。依据多年来经验来看，分断机构直阻超差问题比较少，该部分直流电阻控制在 300 μΩ 以内即可，但是对于数值偏大的接触器，应该密切跟踪直阻变化趋势，必要时予以更换。熔丝直阻问题相对简单，不合格即可进行更换，这里不再赘述。

9. 合闸模块故障处理

接触器合闸模块是接触器合闸的重要单元，长期运行的合闸模块会出现电路老化现象，导致接触器拒动甚至误分闸，如图 3-6。这类缺陷的处理通常需要更换合闸 DU 模块(Drive Unit)。更换完成后应对接触器实施动作特性试验，合格后可以投运。

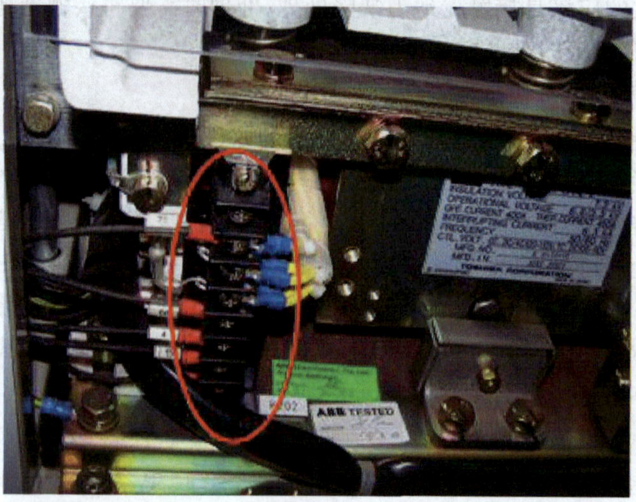

图 3-6 接触器合闸电磁铁

第四章 操作结束

4.1 将接触器摇入柜内

4.1.1 断开接触器地刀

将接触器摇入运行位置前，首先应将该接触器柜体地刀分闸，否则接触器无法推入。实现地刀分闸后，应观察地刀分闸指示，分闸状态下地刀显示为“0”。

4.1.2 将接触器摇入运行位置

打开接触器柜门，目视检查柜体内有无异常。将接触器小车推入柜体，确认小车定位机构动作到位，关闭 ZVC 柜门并上锁，插入操作杆摇把，顺时针将接触器摇到底，必要时观察接触器小车到位指示，即上文中提到的接触器应指示“IN SERVICE”。

4.2 现场整理及其他

一项完整的检修应该从“人、机、料、法、环”各方面进行全面考虑，因此，光有高质量的检修工作还不够完善，必须对作业现场进行清理，保持现场整洁，养成良好的检修习惯。因此作业完成后应彻底清理检修现场，必要时在现场召开工后会，对整个检修工作进行全面总结，回顾过程、总结不足、经验反馈，争取将检修工作做到更完善。

第五章　经验反馈

中压接触器属于典型的高压开关，其结构紧凑，通常用作大型电机及干式变压器的负荷开关，因此，通常需要对接触器小车及柜体实施必要的预防性维修及纠正性维修。掌握必要的技术及经验对接触器的维护十分重要，可以确保接触器维修质量。这里对以往接触器在实际操作中出现的问题进行简要归纳总结：

(1) 防止接触器柜接地刀闸意外损坏。通常在实际操作中，容易在接地刀不可用的情况下，对接触器实施强行操作。由于接地刀的操作通常存在一定的生涩，因此操作人员在判断有误的情况下，会对接地刀强行操作，从而造成地刀传动轴机构损坏。针对该问题，应首先准确判断接触器地刀在目前情况下是否可动，熟悉接触器电气联锁；其次，检查接触器位置是否正确，如将接触器在柜体中的位置不当，也可能造成接地刀闸无法动作。

(2) 防止接触器小车倾倒。通常建议在对接触器实施移动操作时，由两人及以上人员共同完成。由于地面的平整性不等绝对保证，实际操作中经常接触器晃动现象，应尽可能避免以上情况。

(3) 对照电气接线图，熟知二次小室各开关及其用途。这对解决现场实际问题具有重要意义。

案例：中压接触器因摇入操作不到位，导致故障指示报警。

2011 年 8 月，某核电厂中压接触器在合闸后，控制室发出报警信号，接触器柜体“FAULT”指示灯发光，显示接触器处于故障运行状态，技术人员对引起接触器报警的各环节进行检查核实后，分析认为造成接触器报警的原因可能为接触器摇入不到位，导致接触器相应位置指示开关未正常动作。运行人员征得控制室同意后，再将接触器分闸。检查过程发现，接触器摇入操作杆还可以旋转约 1/4 圈，后将接触器再次送电，故障报警消失。

2012 年，某电厂在对带电的中压开关进行操作时，曾发生严重的开关爆炸事故，造成数人伤亡的严重事故。因此，在针对中压开关摇入操作不到位类似问题时，严禁在运行状态下对开关进行摇动操作，以免发生事故。另外，运行人员也应加强设备的操作培训，确保中压接触器操作熟练，技能满足要求。

第六章　习　题

6.1　理论题

(1) CV-HA-2 型接触器采用(A)开断机构,可有效关合负荷电流。

A. 真空　　B. 压空　　C. SF_6

(2) 中压接触器柜在地刀合闸状态时,(A)推入接触器手车。

A. 禁止　　B. 可以

(3) 中压接触器可以关合(B)电流。

A. 短路　　B. 正常负荷　　C. 额定峰值

(4) 中压接触器在推入运行位置后并合闸后,面板上指示灯(A)发光。

A. CLOSED　　B. OPEN　　C. FAUCT

(5) CV-HA-2 型接触器推入运行位置后,ZVC 柜门(B)打开。

A. 可以　　B. 不能　　C. 允许

(6) CV-HA-2 型接触器真空开断机构严重损耗时,测量塞尺(C)插进测量缝隙。

A. 应该　　B. 可以　　C. 不能

(7) CV-HA-2 型接触器接触器熔丝熔断后,熔丝指示箭头(A)弹出。

A. 向上　　B. 向下　　C. 水平

(8) 中压接触器柜从结构上由那四部分组成?

答:小车室、地刀室、二次小室、母线室。

(9) 接触器常见的绝缘试验有哪些?

答:绝缘电阻 交流耐压。注:答出关键以上关键词即可得分。

6.2　实操题

鉴定点:中压接触器的操作及试验

试题 1:中压接触器的操作及试验

1. 准备要求

考场准备:

(1) 试题名称:中压接触器操作及试验

(2) 本题分值:100

(3) 考核时间:40 min

(4) 考核形式:实操

(5) 设备设施准备

序号	名称	规格	单位	数量	备注
1	中压接触器	6 kV	台	1	型号 CV-HA-2
2	ZVC 柜体	6 kV	套	1	解体用工具
3	专用工具	ZVC	套	1	接触器操作
4	试验设备	—	套	1	接触器试验

考生准备：

(1) 试题名称：中压接触器操作及试验

(2) 本题分值：100

(3) 考核时间：40 min

(4) 考核形式：实操

(5) 工具及其他准备：接触器专用工具(现场配置)

2. 考核要求

(1) 本题分值：100

(2) 考核时间：40 min

(3) 考核形式：实操

(4) 具体考核要求：1) 完成接触器基本拉出、推入操作；2) 完成接触器分合闸操作；3) 完成接触器基本检查试验项目

(5) 否定项说明：无

3. 配分与评分标准

序号	考核内容	考核要点	配分	评分标准	扣分	得分
1	接触器柜门打开/关闭	1. 正确打开接触器二次小室柜门并关闭； 2. 正确打开接触器小车室并关闭	10	1. 选择正确的柜门锁钥匙(1 分)； 2. 打开二次小室柜门(2 分)； 3. 关闭二次小室柜门，柜门锁松紧度合理(2 分)； 4. 检查接触器小车位置是否允许可以打开柜门(2 分)； 5. 打开接触器小车柜门(2 分)； 6. 关闭接触器小车柜门，柜门锁松紧度合理(1 分)。		
2	将接触器小车拉出柜外	1. 确认接触器柜门关闭，具备小车拉出条件； 2. 使用操作手柄将接触器小车摇至柜门处； 3. 打开接触器小车柜门； 4. 打开接触器小车柜门，将接触器拉出至柜外。	15	1. 检查确认接触器小车具备拉出条件(2 分)； 2. 使用接触器小车操作手柄，将接触器摇至柜门处(3 分)； 3. 从窥视孔检查接触器小车移动是否到位(2 分)； 4. 正确打开接触器柜门室柜门(2 分)； 5. 将接触器小车拉出柜外(4 分)； 6. 接触器小车拉出后停放平稳(2 分)。		

续表

序号	考核内容	考核要点	配分	评分标准	扣分	得分
3	将接触器小车推入柜内	1. 检查接触器柜地刀具备接触器小车推入条件； 2. 将接触器小车推入柜内； 3. 关闭接触器小车室柜门。	15	1. 确认接触器处于分闸状态(2分)； 2. 检查接触器柜地刀处于分闸状态(3分)； 3. 打开接触器室柜门(2分)； 4. 将接触器小车平稳推至接触器室入口处，并对准轨道(2分)； 5. 将接触器推入柜内，并关闭柜门(4分)； 6. 将接触器摇至运行位置(2分)。		
4	接触器柜地刀分合闸操作	1. 接触器柜地刀分闸； 2. 接触器地刀合闸	20	1. 选择正确的接触器柜地刀操作手柄(2分)； 2. 确认接触器柜地刀可以分闸(3分)； 3. 对接触器柜地刀实施分闸(5分)； 4. 检查接触器柜地刀分闸指示(3分)； 5. 合适接触器柜地刀具备合闸条件(2分)； 6. 将接触器柜地刀合闸，并合适合闸指示(5分)。		
5	接触器直流电阻测试	1. 接线正确； 2. 正确测得接触器直流电阻	10	1. 微欧计接线正确(2分)； 2. 检查微欧计电流档在低位(2分)； 3. 测得接触器直流电阻(3分)； 4. 微欧计接线夹使用正确(2分)； 5. 拆接线规范(1分)。		
6	接触器绝缘电阻	1. 接线正确； 2. 正确测得接触器绝缘电阻	10	1. 兆欧表接线正确(2分)； 2. 正确选择兆欧表电压档位(2分)； 3. 测得接触器绝缘电阻(3分)； 4. 试验结束放电(3分)。		
7	接触器小车分合闸	1. 接触器分闸； 2. 接触器合闸	20	1. 试验电源接线正确(2分)； 2. 正确调节接触器操作电压(3分)； 3. 对接触器实现合闸操作(5分)； 4. 对接触器实现分闸操作(5分)； 5. 明确接触器拒动操作电压，并进行验证(3分)； 6. 试验完成后拆线(2分)。		

否定项：1. 接触器在移动过程中，出现倾倒或损坏；
2. 强行解除接触器联锁机构；
3. 接触器操作电压调节不合理，导致分合闸线圈损坏；
4. 试验完成后未对接触器放电。

评分人：　　年　　月　　日　　　　　　　　核分人：　　年　　月　　日

第三部分　干式变压器维修

第一章　操作准备

1.1　原理描述

干式变压器是铁芯和绕组放在自然或强迫循环的空气或气体中的变压器，见图 1-1，体积、重量在同容量下都较油浸式小和轻。运行温度高于油浸式，所以采用的绝缘材料级别较高。因其具有较好的防火、防爆性能，多用于厂房室内，是秦山核电厂内的重要电力设备之一，承担厂内电能的输送与分配。

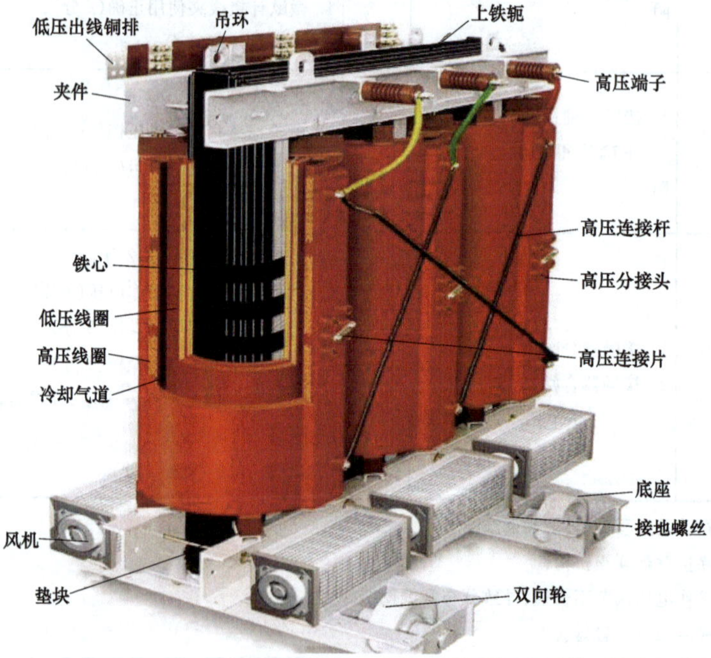

图 1-1　干式变压器

1.1.1 工作原理

变压器:借助于电磁感应,以相同的频率,在两个或更多的绕组之间,变换交流电压和电流而传输交流电能的一种静止电器。

变压器原、副边绕组如图 1-2 所示。

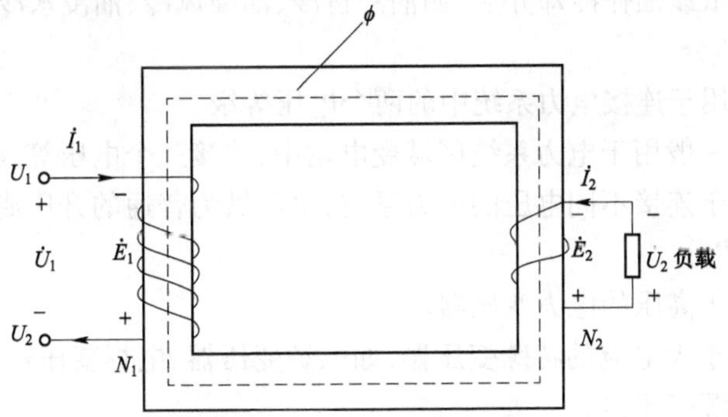

图 1-2 变压器原、副边绕组图

一次绕组的感应电动势的有效值为:$E_1=4.44fN_1\phi_m$ (1-1)

一次绕组的感应电动势的有效值为:$E_2=4.44fN_2\phi_m$ (1-2)

其中 f 为电源的频率(Hz),N_1 N_2 分别为一、二次侧绕组的匝数,ϕ_m 为主磁通的最大值。

由式 1-1、式 1-2 可得:$E_1/E_2=N_1/N_2$ (1-3)

由式 1-3 可知:变压器一、二次侧的感应电动势之比等于一、二次绕组的匝数之比。

若忽略变压器一、二次侧的漏电抗和电阻,可以近似的认为:

$$E_1/E_2=N_1/N_2\approx U_1/U_2=K \tag{1-4}$$

式 1-4 中,K 为变压器的变比。

可见,变压器一、二次侧的匝数不同导致一、二次绕组的电压高低不等,改变变压器的变比可以改变变压器的电压。

干式变压器:依靠空气对流进行冷却,一般用于局部照明、电子线路。机械设备等变压器,在电力系统中,一般汽机变压器、锅炉变压器、除灰变压器、除尘变压器、脱硫变压器等都是干式变压器,变比为 6 000 V/400 V 和 10 kV/400 V,用于带额定电压 380 V 的负载。

简单的说干式变压器就是指铁芯和绕组不浸渍在绝缘油中的变压器。干式变压器的绝缘耐热等级有:B、F、H、C

耐热温度有:130 ℃、155 ℃、180 ℃、220 ℃。

绝缘等级是指其所用绝缘材料的耐热等级,分 A、E、B、F、H 级。各绝缘等级具体允许温升标准如下:最高允许温度(℃)A:105,E:120,B:130,F:155,H:180;绕组温升限值(℃)A:60,E:75,B:80,F:100,H:125。

1.1.2 常用变压器分类

常用变压器的分类可归纳如下。

(1) 按相数分

单相变压器:用于单相负荷。

三相变压器:用于三相系统的升、降电压。

(2) 按冷却方式分

干式变压器:依靠空气对流进行冷却,一般用于局部照明、电子线路等小容量变压器。

油浸式变压器:依靠油作冷却介质、如油浸自冷、油浸风冷、油浸水冷、强迫油循环等。

(3) 按绕组形式分

双绕组变压器:用于连接电力系统中的两个电压等级。

三绕组变压器:一般用于电力系统区域变电站中,连接三个电压等级。

自耦变电器:用于连接不同电压的电力系统,也可做为普通的升压或降后变压器用。

(4) 按铁芯形式分

芯式变压器:用于高压的电力变压器。

壳式变压器:用于大电流的特殊变压器,如电炉变压器、电焊变压器;或用于电子仪器及电视、收音机等的电源变压器。

(5) 按用途分类:电源变压器、调压变压器、音频变压器、中频变压器、高频变压器、脉冲变压器等。

1.1.3 常用变压器型号分类

变压器的规格型号划分标准如下。

1) 按电压等级分:1 000 kV,750 kV,500 kV,330 kV,220 kV,110 kV,66 kV,35 kV,20 kV,10 kV,6 kV 等。

2) 按绝缘散热介质分:干式变压器、油浸式变压器。其中干式变压器又分为:SCB 环氧树脂浇注干式变压器和 SGB10 非包封 H 级绝缘干式变压器。

3) 按铁芯结构材质分:硅钢叠片变压器、硅钢卷铁芯变压器硅、非晶合金铁芯变压器。

4) 设计节能序列分:SJ,S7,S9,S11,S13,S15。

5) 按相数分:单相变压器,三相变压器。

6) 按容量来说我国现在变压器的额定容量是按照 R10 优先系数,即按 10 的开 10 次方的倍数来计算,50 kVA,80 kVA,100 kVA,125 kVA,160 kVA,200 kVA,250 kVA,315 kVA,400 kVA,500 kVA,630 kVA,800 kVA,1 000 kVA,1 250 kVA,1 600 kVA,2 000 kVA,2 500 kVA,3 150 kVA,4 000 kVA,5 000 kVA 等。

1.1.4 变压器组成的材料

1. 铁芯材料

变压器使用的铁芯材料主要有铁片、低硅片、高硅片、钢片中加入硅能降低钢片的导电性,增加电阻率,它可减少涡流,使其损耗减少。我们通常称加了硅的钢片为硅钢片,变压器的质量与所用的硅钢片的质量有很大的关系,硅钢片的质量通常用磁通密度 B 来表示,一般黑铁片的 B 值为 6 000~8 000 T、低硅片为 9 000~11 000 T,高硅片为 12 000~16 000 T。

2. 绕制变压器通常用的材料

漆包线、纱包线、丝包线、纸包线，是最常用的漆包线。对于导线的要求，是导电性能好，绝缘漆层有足够耐热性能，并且要有一定的耐腐蚀能力。一般情况下最好用QZ型号的高强度的聚脂漆包线。

3. 绝缘材料

在绕制变压器中，线圈框架层间的隔离、绕阻间的隔离，均要使用绝缘材料，一般的变压器框架材料可用酚醛纸板制作，也可用环氧板或纸板。层间可用聚脂薄膜、电话纸、6520复合纸等作隔离，绕阻间可用黄腊布或亚胺膜作隔离。

4. 浸渍材料

变压器绕制好后，还要过最后一道工序，就是浸渍绝缘漆，它能增强变压器的机械强度、提高绝缘性能、延长使用寿命。一般情况下，可采用甲酚清漆或1032绝缘漆、树脂漆作为浸渍材料。

1.1.5 干式变压器的历史

19世纪初英国科学家法拉第发现了电磁感应现象，在19世纪中期，人们应用电磁感应原理制造出了世界上第一台配电变压器。最初制成的配电变压器以及其后一段时间内制造的变压器，均是以空气为绝缘介质的干式变压器。

为了满足远距离电力输送的需要，就必须提高输电电压等级。这样就势必寻找条可以提高电力变压器绝缘结构耐电强度的途径。于是，矿物油作为电力变压器的绝缘介质而被广泛应用于电力变压器中，从而产生了油浸式变压器。

无论是电力变压器还是特种变压器，油浸式变压器几乎成为传统的、唯一的结构形式。随着现代社会的快速发展，对防火要求高的场所大量增加(如高层建筑、地铁、火车站、机场、医院、石油化工企业及矿井内部等)，人们对变压器的安全性能提出了越来越高的要求。由于矿物油易燃、易爆，因而油浸式变压器不宜安装于防火要求高的场所；而且运行中的变压器发生渗涌油现象也会严重污染环境。为了满足防火要求，变压器制造厂家都在寻求矿物油的代用品，而这些代用品不但有毒，而且还不能降解，如多氯联苯(PCB)(我国已明令禁止使用)。而采用合成方法制成的变压器油代用品，如硅油等也因价格较高，除在电力机车变压器和高层建筑物变压器中少量应用外，其他场合基本不用。因各种各样的原因结合起来，随着时代的需要和干变技术的提升，干式变压器得到了广泛采用与快速发展，国内干式变压器技术的发展也从消化吸收走向自我开发并达到国际先进水平。

现在干式变压器的发展方向是节能低噪、高可靠性、大容量、多功能、环保等方面，国内生产干式变压器的主要厂家有顺特电气、中电电气、许继、华鹏、保变、金盘等公司。

1.1.6 结构特点

1. 铁芯由硅钢片叠成，卷铁芯变压器的铁芯系由硅钢带绕制而成(完成电能——磁能——电能转换)。采用优质冷轧晶粒取向硅钢片，铁芯硅钢片采用45°全斜接缝，使磁通沿着硅钢片接缝方向通过。

2. 绕组包括初级和次级两组(D角接或Y星接)

(1) 缠绕式；

(2) 环氧树脂加石英砂填充浇注；

(3) 玻璃纤维增强环氧树脂浇注(即薄绝缘结构)；

(4) 多股玻璃丝浸渍环氧树脂缠绕式。

一般多采用3,因为它能有效地防止浇注的树脂开裂,提高了设备的可靠性。

3. 高压绕组一般采用多层圆筒式或多层分段式结构。

4. 低压绕组一般采用层式或箔式结构。

5. 附件:绝缘体包括初、次级绝缘,匝间绝缘和与铁芯间、与外壳间绝缘。所用材料：DMD、网格、无碱无蜡玻璃纸带、环氧树脂等。

6. 温控装置。变压器均有温度过热保护装置,过热保护装置主要通过预埋在低压线圈内的PT热敏电阻实现变压器温度检测与控制。装置有如下功能：

(1) 变压器运行过程中巡回显示三相绕组湿度值；

(2) 显示最热一相绕组的湿度值；

(3) 超温报警、超温跳闸；

(4) 声光警示、风机启动。

其中,(1),(2)部分组成变压器的"器身"主体。每台干式变压器配备一台温度巡回显示报警仪表,温控仪表对变压器三个绕组的温度巡回检测,当温度上升到给定值时自动启动散热风机,当温度继续上升到危险值时自动切断负载,从而实现保证变压器安全运行的基本功能。

1.1.7 结构模型

干式变压器结构示意如图1-3所示。

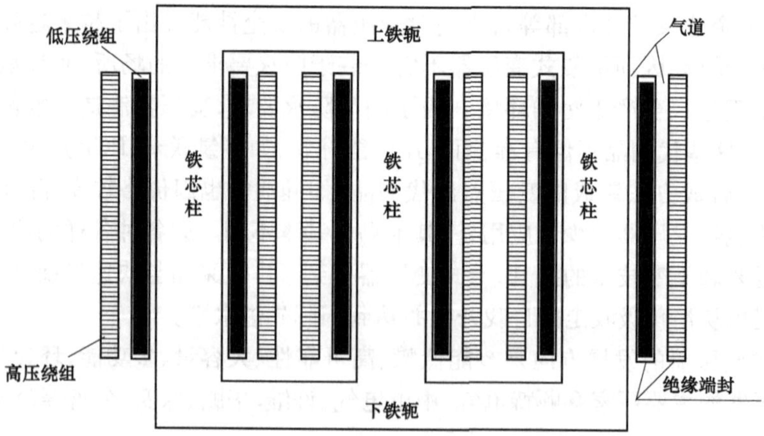

图1-3 干式变压器结构示意图

1.1.8 干式变压器的类型

干式变压器的类型包括环氧树脂浇注干式变压器、敞开通风式干式变压器、缠绕式干式变压器。

1.1.9　绝缘试验

绝缘材料在直流电场作用下，一般呈现出三种电流，即位移电流、吸收电流、泄漏电流。而位移电流是绝缘材料电容充电时的电流，在极短时间内衰减；吸收电流是绝缘介质在电场下极化产生的电流，它也随时间衰减，但较慢；泄漏电流是绝缘介质内部或表面带电粒子的传导电流，它不随时间而变化。

绝缘测试是考核变压器主绝缘性能试验项目之一，对整体的绝缘状况具有较高的灵敏度，能有效地检查出绝缘整体受潮、部件表面受潮或脏污以及贯穿性的集中缺陷。

吸收比：用以反映绝缘的吸收特性，能在一定程度上反映绝缘是否受潮。从接入被试物开始算起第 15 秒(初始电流)和第 60 秒(稳定电流)的绝缘电阻数值 $R60/R15$ 替代。吸收比=$R60''/R15''\geqslant 1.3$。

绝缘测试前后都必须对被测设备充分放电！

变压器绝缘测量主要部位：绕组、铁芯、冷却风机、冷却系统温控器。

1.1.10　直流电阻试验原理

直流电阻试验目的是判别：① 导线焊接或连接是否良好；② 导线规格、电阻率是否符合要求；③ 各相电阻是否平衡；④ 为温升试验提供依据。

变压器各绕组的电阻应分别在各绕组的线端上测量。三相变压器绕组为 Y 形联结无中性点引出时，应测量其线电阻，例如 AB、BC、CA；如有中性点引出时，应测量其相电阻，例如 AO、BO、CO；但对中性点引线电阻所占比重较大的 yn 联结且低压为 400 V 的配电变压器，应测量其线电阻(ab、bc、ca)及中性点对一个线端的电阻，如 a0。绕组为 D 形联结时，首末端均引出的应测量其相电阻，封闭三角形的试品应测量其线电阻。

直流电阻测量时检查线圈内部导线、引线与线圈焊接质量，线圈所用导线的规格是否符合设计要求，以及分节开关、套管等载流部分的接触是否良好，三相电阻是否平衡，并为变压器的出厂报告提供最终数据。

测量方法：采用直流电阻测试仪进行测量。试验前按照仪器接线端子接线，将两根测量线中的电流、电压线分别接入对应端子，然后将两根线对应接到变压器测量端，根据实际测试绕组所有分接的电阻。测量时环境温度应变化不大，直流电阻随温度变化每升高 10 ℃，电阻值升高 1.3 倍。

试验标准：电阻三相不平衡率允许误差符合国标 GB 1094.1—1996 及技术协议的规定。容量在 1 600 kVA 及以下变压器三相测得值最大差值相间应小于平均值的 4%，线间应小于 2%，2 000 kVA 及以上的变压器相间应小于平均值的 2%、线间应小于 1%，验收试验与出厂值相比较(同一温度下)相应变化不应大于 2%。根据 GB 10228—2008《干式电力变压器技术参数和要求》5.3 节中：对于 2 500 kVA 及以下的配电变压器，其绕组直流电阻不平衡率：相为不大于 4%，线为不大于 2%；对于 630 kVA 及以上的电力变压器，其绕组直流电阻不平衡率：相(有中性点引出时)为不大于 2%，线(无中性点引出时)为不大于 2%。如果由于线材及引线结构等原因而使绕组直流电阻不平衡率超过上述值时，除应在例行试验记录中记录实测值外，尚应写明引起这一偏差的原因。使用单位应与同温度下的例行试验实测值进行比较，其偏差应不大于 2%。

1.1.11　变压器温控器简介

1. 变压器温度控制器

变压器温度控制器是一种智能化的仪表，它通过传感器（一般为铂电阻 Pt100）采集电力变压器三相线圈及铁芯的温度，一方面显示各相的温度值，另一方面根据人为设定的温度值自动控制风机的启动、停止；发出超温报警、超温跳闸及铁芯报警信号。

2. 变压器温度控制器的主要作用

变压器温度控制器可长期监控电力变压器的线圈温度，自动调节电力变压器的线圈温度；同时当变压器线圈温升过高时，自动发出超温报警信号提醒值班人员变压器温度过高，发出超温跳闸信号使变压器跳闸，防止电力变压器因温度过高，绝缘破坏而烧毁。变压器温度控制器的使用，可大大地减轻值班人员的劳动强度；通过温度控制器的计算机接口，值班人员可在值班室中直接监控多台变压器的运行情况。

3. 现场对温控器温度显示故障的检查顺序及方法

1）首先打开温控箱的箱盖，目测检查传感总成插座（25 针 D 形插座）上部的电路板上的元件有无明显的烧糊、发黑及机械损伤等现象。如有上述现象，可判断温控器主板损坏。

2）检查传感总成与温控器主板的插头座是否连接良好，插头座的螺钉是否紧固。如没有，应插好并将螺钉紧固。如不紧固，由于变压器运行的振动会使插头座变松，造成接触不良，使温控器测温不准，最终可能引发温控器误报警、误跳闸。

3）检查温控器传感总成的插头座外表面是否有明显的生锈的现象。如有，则说明传感总成的插头内的插针可能有较严重的氧化，会造成插头接触不良，需更换。

4）拔下温控器的传感总成，用万用表根据温控器箱盖内的接线图，分别测量 A 相、B 相、C 相及铁芯的 Pt100 铂电阻的阻值，一般来说，三个线圈的 Pt100 阻值应该基本相同。

如其中有一相 Pt100 铂电阻阻值偏差较大，在确认变压器各相运行参数（电压、电流等）都相似的前提下，可以确定该相 Pt100 有故障。进行更换。

如三相的 Pt100 铂电阻阻值都比较接近，可用一条好的传感总成（或测试插头）接到温控器上，根据显示的温度，判断温控器主机是否有故障。

如温控器主机无明显的故障，建议先更换 Pt100 铂电阻，在后续的运行中进行观察。如出现以前的故障现象，应更换温控器主机。

1.1.12　试验相关标准

GB 1094.1—1996 电力变压器　第 1 部分　总则

GB 1094.3—2003 电力变压器　第 3 部分　绝缘水平、绝缘试验和外绝缘空气间隙

GB 1094.5—2008 电力变压器　第 5 部分　承受短路的能力

GB 1094.11—2007 电力变压器　第 11 部分　干式变压器

GB/T 10228—2008 干式电力变压器技术参数和要求

JB/T 501—2006 电力变压器试验导则

IEC 60076—11：2004 电力变压器　第 11 部分　干式变压器

1.2　文件准备

干式变压器预防性维修和试验培训完全模拟现场工作，具有完整工作包，包括工前会、工后会、工作包封页、工单、文件清单、质量计划、规程、工作票。

1.3　工器具、材料准备

工器具、材料准备见表 1-1。

表 1-1　工器具、材料准备

序号	名称	规格型号	数量	
1	呆扳手组套	8-32	2 套	
2	力矩扳手	0～100 N·m	1 把	
3	毛刷		3 把	
4	拖线盘	220 V　10 A	1 个	
5	吸尘器		1 台	
6	万用表	FLUKE179	1 只	
7	兆欧表	SI-5005	1 台	
8	绝缘垫		1 块	
9	塑料布		若干	
10	白布带		1 卷	
11	白布		1 m	
12	警示带		1 卷	
13	检修垫	用于放置工器具	1 块	
14	变压器直流电阻测试仪	按仓库实际型号	1 台	
15	验电棒	6～10 kV	1 台	
16	标识牌	"止步，高压危险"	1 块	

1.4　模拟体准备

培训楼中培训教室处于可用状态。检查培训设备是否有损坏，核实可否正常动作，以确保教学过程的顺利实施。

1.5　辐射防护准备

无(实际工作现场无辐射防护要求)。

1.6 工业安全准备

按照工业安全规定执行，所有人员穿戴劳动保护用品。具体的工业安全准备需根据现场环境而确定，但基本的工业安全需要准备。所有人员必须佩戴安全帽、防砸鞋、工作服、手套等。检修场地使用警示带进行围栏，确保工作过程中无非工作人员进入。

1.7 配合人员准备

无。

1.8 场地准备

现场铺设检修垫用于摆放工器具；铺设绝缘垫用于放置拆卸部件；清理场地，确保检修场地无其他异物；合理分配场地，确保工具、设备的合理分布，方便检修；在场地外围布置警示带。

第二章　操作实施

2.1　工作前的准备和确认

工作前的准备和确认见表 2-1。

表 2-1　工作前的准备和确认

序号	操作步骤	操作要求	工器具	测评标准	备注
1	向运行人员借变压器柜门钥匙	此步骤为模拟		确认钥匙标牌正确	
2	建立工作区，悬挂标识牌，确认设备铭牌并记录在记录表			工作区满足检修空间要求	
3	打开变压器柜门前确认安全措施满足工作要求	此步骤为模拟		根据工单确认安措	
4	验电确认		验电棒		

2.2　本体检查

本体检查见表 2-2。

表 2-2　本体检查

序号	操作步骤	操作要求	工器具	测评标准	备注
1	打开柜体面板前，建立异物控制区			工作区满足检修空间要求	
2	打开柜门和面板	面板放置牢靠	扳手	螺丝集中放置	
3	用抹布、吸尘器对柜进行全面的清扫和检查		抹布、吸尘器	清扫干净并检查无锈蚀脱漆	
4	用抹布、吸尘器将引线和外壳清扫干净		抹布、吸尘器	清扫干净	
5	用抹布、吸尘器将铁芯及变压器筒体清扫干净		抹布、吸尘器	清扫干净	

2.3　引线检查

引线检查见表 2-3。

表 2-3　引线检查

序号	操作步骤	操作要求	工器具	测评标准	备注
1	检查高压侧电缆进线连接	目视检查	扳手	无松动，接头应平整、清洁、无放电痕迹	
2	检查高压绕组分接头	目视检查		清洁、无放电痕迹	
3	检查低压侧母排，除去将要拆开的分接点之外，用力矩扳手按附表 1 的力矩值进行紧固	目视检查及力矩扳手紧固	力矩扳手	母排平整、无放电痕迹	

2.4　内部及绕组检查

内部及绕组检查见表 2-4。

表 2-4　内部及绕组检查

序号	操作步骤	操作要求	工器具	测评标准	备注
1	检查相间环氧树脂隔板，用手轻摇不会因晃动产生振动声音	目视检查、用手轻摇		完整、牢固	
2	检查线圈绝缘，确认纵向与横向风道内无异物	目视检查		无松动移位或变形、无变色及灼痕、间隔衬垫应牢固、木夹件应完好	
3	检查内部清洁	目视检查		无杂物、无结露	
4	所有螺栓无松动、如发现有螺栓松动现象需查明原因	扳手紧固	扳手	螺栓无松动	
5	铁芯（夹件）及干式变外壳的接地线应完整无损、接触良好	目视检查		完整无损	
6	相序标识检查	目视检查		确认在各相绕组对应铁芯处油漆相色清晰完整；绕组出线处缠绕的塑料相色带完整无褪色	

2.5 铁芯检查

铁芯检查见表 2-5。

表 2-5 铁芯检查

序号	操作步骤	操作要求	工器具	测评标准	备注
1	检查铁芯外表	目视检查		平整，片间应无短路、放电烧伤痕迹	
2	检查铁芯	目视检查		无变形，确认清洁且紧密、无锈蚀	
3	检查铁芯上下夹件，如发现有螺栓松动现象需查明原因	扳手紧固	扳手	夹件紧固	

2.6 拆除变压器柜内高压侧进线电缆接头、低压侧出线母排接头及中性点接头

拆除变压器柜内高压侧进线电缆接头、低压侧出线母排接头及中性点接头操作见表 2-6。

表 2-6 拆除变压器柜内高压侧进线电缆接头、低压侧出线母排接头及中性点接头

序号	操作步骤	操作要求	工器具	测评标准	备注
1	拆除变压器柜内高压侧进线电缆接头		扳手	拆线前做好标记	
2	拆除变压器低压侧出线母排接头		扳手	拆线前做好标记	
3	拆除变压器中性点接头		扳手	拆线前做好标记	

2.7 冷却系统温控器及冷却风机检查试验

冷却系统温控器及冷却风机检查试验见表 2-7。

表 2-7 冷却系统温控器及冷却风机检查试验

序号	操作步骤	操作要求	工器具	测评标准	备注
1	对测温元件进行检查	用万用表检查温度探头电阻值	万用表	阻值与前一次测试结果相比较，不应有明显变化，记录数据	

续表

序号	操作步骤	操作要求	工器具	测评标准	备注
2	用500 V兆欧表测试温控器电源回路	测量前拆除220 V交流电源进线	兆欧表	绝缘电阻值应大于1 MΩ,记录数据	
3	用 500 V 兆欧表测试风扇电机回路	500 V挡测量	兆欧表	绝缘电阻应大于 1 MΩ,记录数据	
4	拆除温控器交流 220 V 电源进线,用交流220 V临时电源接入		螺丝刀	确认临时电源线接线正确及牢靠	
5	温控器自检	目视检查		正常、无报警	
6	检查所有风扇	用手动控制方式启、停风扇		运行平稳、没有异音、摆动或过热现象	

2.8 直流电阻测试

直流电阻测试见表2-8。

表2-8 直流电阻测试

序号	操作步骤	操作要求	工器具	测评标准	备注
1	用直流电阻测试仪分别测量高压侧绕组AB、BC、CA的直流电阻	每相测量确认放电	变压器直阻测试仪	所测数值与以前相同部位测得值比较,其变化不应大于 2%,且线间误差<1%	
2	用直流电阻测试仪分别测量低压侧绕组ao、bo、co的直流电阻	每相测量确认放电	变压器直阻测试仪	所测数值与以前相同部位测得值比较,其变化不应大于 2%,且相间误差<2%	

2.9 绝缘电阻测试

绝缘电阻测试操作见表2-9。

表2-9 绝缘电阻测试

序号	操作步骤	操作要求	工器具	测评标准	备注
1	检查环境条件,读取温度值、湿度值,并记录	记录		记录完整	
2	解开变压器进线电缆与母排的连接,对三相电缆分别进行相对相及地的绝缘测试	2 500 V挡测量	兆欧表	绝缘电阻值应大于6.3 MΩ,记录数据	

续表

序号	操作步骤	操作要求	工器具	测评标准	备注
3	将变压器低压绕组短接且接地，用 2 500 V 兆欧表测量高压绕组对地的绝缘电阻，分别在 15 s 和 60 s 时读取绝缘值	2 500 V 挡测量	兆欧表	计算吸收比，与前一次测试结果相比较，不应有明显变化，记录数据	
4	将变压器高压绕组接地，用 1 000 V 兆欧表测量低压绕组对地的绝缘电阻，分别在 15 s 和 60 s 时读取绝缘值	1 000 V 挡测量	兆欧表	计算吸收比，与前一次测试结果相比较，不应有明显变化，记录数据	
5	将变压器高低压绕组短接且接地，拆开铁芯接地，用 500 V 兆欧表测量铁芯对地的绝缘电阻，记录数据后恢复铁芯接地	500 V 挡测量		铁芯绝缘电阻数值应大于 10 MΩ	

2.10 恢复

恢复操作见表 2-10。

表 2-10 恢复

序号	操作步骤	操作要求	工器具	测评标准	备注
1	确认干式变绝缘测试已完成并且数据合格			确认完成	
2	用力矩扳手按附表 1 的力矩值紧固恢复变压器高、低压侧绕组与母排的连接及低压绕组中性点接地		力矩扳手	按力矩要求紧固	
3	恢复温控器交流 220 V 电源进线		螺丝刀	按拆线标示接回原端子排	
4	恢复变压器盖板		扳手	螺丝紧固	

2.11 场地清理

场地清理操作见表 2-11。

表 2-11 场地清理

序号	操作步骤	操作要求	工器具	测评标准	备注
1	所有工具、仪表和器具清理完毕			检查确认	
2	产生的废物已收集并放到指定地点			检查确认	
3	工作区域打扫干净。归还钥匙			检查确认	

2.12 实施中需要特别注意的几个关键点

1）禁止蹬踏变压器绕组、接头、母排等部件。

2）现场使用工具应设专人保管，登记借用，及时清点及归还，严防遗漏。

3）测量变压器绕组直流电阻时，空气相对湿度应≤75%RH，绕组温度高于 5 ℃。

4）试验所需设备、表计应标定合格在有效期内。临时电源、试验接线等准备完毕。

5）试验前将变压器清扫、擦拭干净。

6）凡试验所需的接地部分均应可靠接地，测量过程中严禁接触试验回路。

附表 1

螺栓基本尺寸/mm	力矩值	
	N·m	kgf·m
M8	8.8～10.8	0.9～1.1
M10	17.7～22.6	1.8～2.3
M12	31.4～39.2	3.2～4.0
M14	51.0～60.8	5.2～6.2
M16	78.5～98.1	8.0～10.0
M20	156.9～196.2	16.0～20.0
M24	274.6～343.2	28.0～35.0

第三章　操作结束

3.1　工后会

工后会是对整个工作过程的回顾以及必要的经验反馈。

回顾工作过程：工作许可证已归还，场地已清理，设备标牌完好，对检修任务进行评价，是否达到预期的目的，试验设备与工器具已经归还。

工作后的经验反馈是对以后同类型的阀门工作的经验积累，以提高工作的检修技能，能够更好地完成检修工作，其主要有以下内容：

1）工期是否安排合理；

2）工作人员是否配备充足；

3）工作文件的合理性；

4）工作人员的检修技能是否满足要求；

5）规程、图纸是否需要升版；

6）检查过程中的异常；

7）工作的经验反馈；

8）协调事项。

3.2　评判

学员对检修过程进行阐述，并说明其中的关键点以及注意事项。教员对学员的陈述简要记录，根据阐述评判学员的掌握情况。教员指出学员阐述过程中的错误以及需要注意的事项，并且依据任务绩效评价表，对学员的学习情况作出整体评判。

第四章　故障检查和处理

4.1　常见故障现象和判断方法检查和处理

常见故障现象和判断方法检查和处理见表 4-1。

表 4-1　常见故障现象和判断方法检查和处理

序号	故障现象	判断方法	故障原因分析	故障排除方法
1	绝缘摇不上	仪器显示电压为 0	被测试设备接地	拆除被测设备接地点
2	吸收比不合格	绝缘电阻测试分别在 15 s 和 60 s 时读取绝缘值,然后 $R15\ s/R60\ s<1.3$	1. 设备清洁工作没做到位 2. 被测设备受潮	1. 重新清理干净设备 2. 用碘钨灯烘烤被测设备
3	直流电阻值相差很大	高压绕组电阻相间差别不应大于 4%,低压绕组电阻线间差别不应大于 2%	引线结构引起三相不平衡,由于线圈电阻较小,引线长度对电阻影响较大,往往造成三相不平衡超标	精确测量,可直接测试线圈两端,或与历次测量结果比较,趋势一致即可

4.2　常见故障原因分析和故障排除方法

常见故障原因分析和故障排除方法见表 4-2。

表 4-2　常见故障原因分析和故障排除方法

序号	故障原因分析	故障排除方法
1	吸收比不合格一般情况下为设备清洁工作没做好或者被测设备受潮,再就是晴朗天气下做出的试验数据大于雨天做出的试验数据	1. 将设备重新清理或用碘钨灯对设备进行烘烤 2. 在上一个处理不成功的情况下,增加屏蔽线于变压器筒体外壳中间部位,并将屏蔽线擦人测试仪器专用屏蔽线接口
2	高压绕组电阻相间差别不应大于 4%,低压绕组电阻线间差别不应大于 2%;引线结构引起三相不平衡,由于线圈电阻较小,引线长度对电阻影响较大,往往造成三相不平衡超标	精确测量,可直接测试线圈两端,或与历次测量结果比较,趋势一致即可

第五章　经验反馈

外部经验反馈：2013 年某电厂 250 kVA 干式变压器起火爆炸，起因是分接头接点不牢固。

2013 年，某电厂 250 kVA 干式变压器，型号 ZSC9-250/6.3，额定电流 22.91/360.84 A，用做汽轮发电机组的励磁变压器，机组断续运行 1 个月，期间巡检一切正常。故障发生时，室外的人员听到爆炸的巨响，检查发现，变压器外罩冲击变形，高压进线侧 CT(100/5 A)的 P1、P2 接线柱螺栓融化，P2 至变压器高压绕组的电缆消失(在变压器内找到残骸，已经被炸断，断口没有烧融痕迹)，B 相档位分接压片接线柱(绕组抽头)有一个抽头处接线柱消失，所有二次线外表破损，高压侧挡位分接压片螺栓有弹簧垫片没有压紧现象(手拧不动)。如图 5-1 所示。

图 5-1　某电厂 250 kVA 干式变压器

从变压器烧焦的部位看：故障原因是过热造成的(匝间)短路，分接头连接点不牢固，黑烟从裂缝处溢出。变压器中相分接头有过热的现象，烧焦的热空气已经留下明显的痕迹，黑烟熏黑的痕迹说明过热烧毁的时间应该不短，分接头树脂外壳部分已经(因为过热而)出现裂缝。变电所值班电工，应该根据树脂过热产生的异味，及时发现隐患、及时处理的。仔细巡视、检查电气设备，是值班电工最基本的工作和责任。

第六章 习 题

6.1 判断题(每题 2 分)

1. 当变压器检修起吊作业场所有与带电体距离小于规定的安全值,又无法采取其他安全措施时,带电设备及线路必须停电。 (√)

2. 变压器的铁芯必须一点接地。 (√)

3. 测量变压器的变比,可以反映出变压器绕组是否有断股,接头接触不良等缺陷。(√)

4. 测量变压器绕组直流电阻时,空气相对湿度应≥75%,绕组温度高于 5 ℃。 (×)

5. 将变压器高低压绕组短接且接地,拆开铁芯接地,用 2 500 V 兆欧表测量铁芯对地的绝缘电阻,记录数据后恢复铁芯接地。 (×)

6.2 单选题(每题 4 分)

1. 变压器的基本工作原理是(A)。

A. 电磁感应　　B. 能量平衡　　C. 电流的热效应

2. 影响变压器吸收比的因素有(B)。

A. 铁芯、插板质量

B. 真空干燥程度、零部件清洁程度和器身在空气中暴露时间

C. 线圈导线的材质

D. 变压器油的标号

3. 绝缘电阻的测量,将变压器低压绕组短接且接地,用(　　)V 兆欧表测量高压绕组对地的绝缘电阻,分别在 15 s 和 60 s 时读取绝缘值(D)。

A. 500　　B. 5 000　　C. 1 500　　D. 2 500

4. 硅钢片的质量通常用磁通密度 B 来表示,一般黑铁片的 B 值为(A)。

A. 6 000～8 000　　B. 9 000～11 000　　C. 12 000～16 000

5. 每台干式变压器配备一台温度巡回显示报警仪表,温控仪表对变压器(C)个绕组的温度巡回检测、当温度上升到给定值时自动启动散热风机、当温度继续上升到危险值时自动切断负载,从而实现保证变压器安全运行的基本功能。

A. 一　　B. 二　　C. 三

6.3 简答题

1. 干式变压器预防性维修打开柜门前的注意事项?(15 分)

答:注意事项:

(1) 打开柜体面板前,参照程序 98-90001-STI-MT10《异物排除》建立异物控制区;

1) 维修工作负责人在工前会议上要向组内的工作人员讲解异物排除工作的方案,任命异物管理员,布置异物排除工作,确保每位工作人员都意识到异物排除工作的重要性,明白异物排除方案中的每一个步骤;2) 覆盖物的使用:厂房内绿色塑料布;厂房外蓝色塑料布。

(2) 打开柜门前验证安全措施,确认高低压绕组都有可靠接地,这是保证工作人员人身安全的最有效的保障。

(3) 打开柜门检查、清扫时不得破坏绕组绝缘,当要检修改造过柜门的设备时、不要忘记向运行借柜门钥匙。

2. 干式变压器预防性维修检查试验内容有哪些?(15 分)

答:检查与试验内容:1) 引线检查确认无放电,无过热痕迹;2) 内部及绕组检查确认无杂物,绝缘无破损,及是否存在松动;3) 铁芯检查有无松动、变形,夹件是否紧固;4) 冷却系统温控器及冷却风机检查接入临时电源验证;5) 变压器高低压绕组绝缘测试;6) 变压器高低压接线力矩紧固。

3. 测变压器绝缘的作用是什么?(10 分)

答:判断变压器是否绝缘合格,是否会影响正常运行。

4. 测变压器直阻的作用是什么?(15 分)

答:直流电阻测量是变压器预防性试验的定期试验项目,是发现导电回路缺陷的重要手段。直流电阻测量可以检查变压器内部导电回路接触是否良好,如绕组内部和引线的焊接质量,分接开关和套管引线螺丝是否拧紧等。

5. 干式变预防性维修试验工作开始前的准备工作有哪些?(15 分)

答:现场铺设检修垫用于摆放工器具;铺设绝缘垫用于放置拆卸部件;清理场地,确保检修场地无其他异物;合理分配场地,确保工具、设备的合理分布,方便检修;

在场地外围布置警示带。

6.4　实操题

考试内容:干式变压器预防性维修和试验

试题 1:干式变简单预维试验

1. 准备要求

考场准备:

(1) 试题名称:干式变简单预维试验

(2) 本题分值:100

(3) 考核时间:70 min

(4) 考核形式:实操

(5) 设备设施准备:

序号	名称	规格	单位	数量	备注
1	模拟体		台	1	干式变压器

续表

序号	名称	规格	单位	数量	备注
2	力矩扳手		套	1	0～100 N·m
3	绝缘电阻测试仪		台	1	
4	变压器直流电阻测试仪		台	1	

考生准备:

(1) 试题名称:干式变简单预维试验

(2) 本题分值:100

(3) 考核时间:70 min

(4) 考核形式:实操

(5) 工具及其他准备:准备笔和纸记录拆除的线色相位及数据记录。

2. 考核要求

(1) 本题分值:100

(2) 考核时间:70 min

(3) 考核形式:实操

(4) 具体考核要求:清楚记录拆线位置,熟悉对变压器进行绝缘电阻测量,掌握使用力矩扳手对拆除的线进行紧固

(5) 否定项说明:试验前未验明设备没电;铁芯接地点未恢复

3. 配分与评分标准:

序号	考核内容	考核要点	配分	评分标准	扣分	得分
1	干式变绝缘电阻测量试验前准备	确定干式变绝缘电阻测量准备工作是否充分	20	1. 未模拟检查隔离状态扣10分。 2. 未使用验电棒验电扣10分。		
2	直流电阻测量	熟悉变压器各部位直流电阻测量	30	1. 未拆除零牌接地线扣15分。 2. 拆线前未作笔记扣15分。		
3	绝缘测试	熟悉对变压器各部位绝缘测量	30	1. 接线错误扣15分。 2. 电压等级选择错误扣5分。 3. 试验做完未等到仪器放电完成就触碰设备扣15分。		
4	变压器进回装整理	学会使用力矩扳手	20	1. 力矩值选择错误扣4分。 2. 遗落部位未回装扣16分。		

否定项:1. 试验做完未等到绝缘电阻测量仪器放电就触碰变压器测量部位;

2. 没有作好检查隔离安措。

评分人: 年 月 日 核分人: 年 月 日